国家林业和草原局普通高等教育"十四五"规划教材
高等院校古树保护专业方向系列教材

古树保护法规与管理

北京农学院　组织编写

刘合胜　黄　凯　童光法　主编

中国林业出版社
China Forestry Publishing House

内 容 简 介

本教材全面介绍了古树保护的相关法规和管理制度与措施，共8章内容，包括绪论、我国古树保护法律法规历史沿革、我国古树保护法律渊源、古树保护的基本原则、古树资源管理制度、古树保护管理制度、古树保护管理措施和违反古树保护管理规定的法律责任。教材注重理论与实践相结合，基础知识与实际案例相结合，旨在帮助学生掌握古树保护管理的基础理论、政策和法律法规。

本教材既可作为普通高等院校林学、园林、风景园林等专业的教材，也可作为研究生、教师、古树保护管理人员的参考用书。

图书在版编目（CIP）数据

古树保护法规与管理/北京农学院组织编写；刘合胜，黄凯，童光法主编. —北京：中国林业出版社，2024.1

国家林业和草原局普通高等教育"十四五"规划教材　高等院校古树保护专业方向系列教材

ISBN 978-7-5219-2509-8

Ⅰ.①古… Ⅱ.①北… ②刘… ③黄… ④童… Ⅲ.①树木-植物保护-高等学校-教材 Ⅳ.①S76

中国国家版本馆CIP数据核字（2024）第003951号

策划编辑：康红梅

责任编辑：康红梅　田　娟

责任校对：苏　梅

封面设计：北京点击世代文化传媒有限公司

封面摄影：梁湘钰

出版发行：中国林业出版社
　　　　　（100009，北京市西城区刘海胡同7号，电话83143551）
电子邮箱：cfphzbs@163.com
网　　址：www.forestry.gov.cn/lycb.html
印　　刷：北京中科印刷有限公司
版　　次：2024年1月第1版
印　　次：2024年1月第1次印刷
开　　本：787mm×1092mm　1/16
印　　张：11印张　其中彩插：0.5印张
字　　数：275千字
定　　价：55.00元

高等院校古树保护专业方向系列教材编写指导委员会

主　任　尹伟伦(北京林业大学)

副主任　段留生(北京农学院)
　　　　　刘丽莉(国家林业和草原局)
　　　　　廉国钊(北京市园林绿化局)
　　　　　张德强(北京农学院)
　　　　　邵权熙(中国林业出版社)

委　员　(按姓氏拼音排序)
　　　　　包志毅(浙江农林大学)
　　　　　常二梅(中国林业科学研究院)
　　　　　丛日晨(北京市园林绿化科学研究院)
　　　　　方炎明(南京林业大学)
　　　　　高红岩(中国林业出版社)
　　　　　高建伟(北京农学院)
　　　　　何忠伟(北京农学院)
　　　　　江泽平(中国林业科学研究院)
　　　　　康红梅(中国林业出版社)
　　　　　康永祥(西北农林科技大学)
　　　　　李　莹(北京古建园林设计研究院)
　　　　　刘合胜(中国林学会)
　　　　　刘晶岚(北京林业大学)
　　　　　马兰青(北京农学院)
　　　　　马晓燕(北京农学院)
　　　　　曲　宏(北京市园林绿化局)
　　　　　沈应柏(北京林业大学)
　　　　　施　海(北京市园林绿化局)

孙振元(中国林业科学研究院)
王小艺(中国林业科学研究院)
杨传平(东北林业大学)
杨光耀(江西农业大学)
杨志华(北京市园林绿化局)
张齐兵(中国科学院植物研究所)
赵良平(国家林业和草原局)

《古树保护法规与管理》编写人员

主　　编　刘合胜　黄　凯　童光法

副 主 编　王　枫　秦　仲

编写人员　（按姓氏拼音排序）

范晓梅（河北农业大学）

高祥斌（聊城大学）

黄　凯（北京农学院）

李　莉（北京林业大学）

刘合胜（中国林学会）

秦　仲（中国林学会）

童光法（北京农学院）

童　航（浙江农林大学）

王　枫（中国林学会）

武小钢（山西农业大学）

赵凯歌（华中农业大学）

主　　审　韦贵红（北京林业大学）

丛日晨（北京市园林绿化科学研究院）

出版说明

党的二十大报告明确提出了从二〇三五年到本世纪中叶把我国建成富强民主文明和谐美丽的社会主义现代化强国。报告指出，我国的现代化是人与自然和谐共生的现代化，大自然是人类赖以生存发展的基本条件。尊重自然、顺应自然、保护自然是全面建设社会主义现代化国家的内在要求。报告强调"提升生态系统多样性、稳定性、持续性，加快实施重要生态系统保护和修复重大工程，实施生物多样性保护重大工程"。古树名木是有生命的文物，是生物多样性的重要组成，具有重要的生态、历史、文化、科学、景观和经济价值。加强古树名木保护，对于保护自然和社会发展、弘扬生态文化、推进生态文明和美丽中国建设具有十分重要意义。

目前，全国范围内关于古树的研究还是一个探索，还有很多难题需要破解。第一，在古树资源方面，全国城市和村镇附近的古树名录基本建立但古树的生境、生存状态等数据缺乏，特别是野外偏远的古树还有很多还未登记在册。第二，在古树基础科学研究方面，整体研究水平比较薄弱，对古树的生物学与生态学特性与形成机制不够了解，这制约了古树保护以及复壮修复技术的创新发展。第三，在对古树保护技术方面，对新技术、新材料的开发和应用不够，甚至出现"保护性破坏"的现象。第四，在古树文化景观价值研究与应用方面，对古树文化的发掘和利用不够，不合理利用或过度旅游开发对古树资源造成了破坏。第五，在古树专业人才培养方面，缺乏专门古树方面的人才培养，导致古树从业人员鱼目混珠，技术人员缺乏。基于此，2020年北京农学院在国内率先设立了林学专业（古树保护方向）以及在林学一级学科下设立了古树专业硕士方向，并于2021年正式招生。我国部分高等学校和职业学校林业与园林相关院系正在推动古树保护专业建设和人才培养。因此，统筹全国各地的专业力量、系统构建古树保护的专业知识、编写出版古树保护专业教材势在必行。

由北京农学院牵头组织编写的高等院校古树保护方向系列教材列入了"国家林业和草原局普通高等教育'十四五'规划教材"，并成立了古树保护专业方向教材编写指导委员会，第一批将出版《古树导论》《古树生理生态》《古树养护与复壮》《古树历史文化》和《古树保护法规与管理》五部教材，教材内容涵盖古树资源与生物学基础、古树健康诊断与环境监测、古树养护与复壮技术、古树文化历史以及古树法规与管理等。教材编写执行主编负责制，邀请高校、科研院所、行业部门专家、企业一线技术人员组成编写组，经过各编写组两年多的努力，古树保护专业方向系列教材编写指导委员会的多次审定，该系列教材即将付梓。该系列教材的出版是古树保护专业方向建设和行业发展的里程碑，对推动我国古树学科与专业发展推动我国古树保护事业必将发挥重要作用。该系列教材具有以下特点：

(1) 突出科学性：系统介绍相关的知识原理与技术，内容与结构布局合理，著述严谨规范，逻辑性强，图文并茂。

(2) 突出实用性：古树保护为应用学科，教材内容紧贴古树保护实践，突出技术与方法，既有理论层面更有应用层面。

(3) 突出时代性：梳理当前古树保护中的问题与需求，反映国内外古树研究与技术最新进展。

(4) 适用面宽：既可作为本科与研究生教材，又可作为从业人员的培训教材与工具书。

作为全国第一套古树保护专业方向教材，我们竭尽所能追求完美。但由于时间仓促和能力所限，恐难以完美呈现，真诚希望各位读者提出宝贵意见，以便不断完善提高。

北京农学院
2023 年 7 月

总 序

  古树名木是自然界和前人留下来的珍贵遗产，是森林资源中研究树木衰老生理科学的宝贵资源，也是探究老树复壮科学技术的重要材料；当然，古树也是有生命的"文物"，具有重要的生态、历史、文化、科学、景观和经济价值。构建古树的研究与保护教材体系，是树木生物学的重要学术方向和尚需发展的科学学术领域，其囊括古树生物学、古树生态学、树木衰老生理学、古树养护与复壮应用技术、古树保护法规及古树文化等。这一学术领域的开拓与建设对于加强古树名木保护，生态环境建设、弘扬生态文化，推进生态文明和美丽中国建设具有重要意义。

  中华民族自古就有爱树护树的传统。党的十八大以来在生态文明思想指引下，我国的生态保护与生态建设取得了举世瞩目的成就，古树名木保护工作也得到了前所未有的重视。2021年4月，习近平总书记在广西桂林毛竹山村考察时，看到一株800多年的酸枣树郁郁葱葱，他说："我是对这些树龄很长的树，都有敬畏之心。人才活几十年？它已经几百年了""环境破坏了，人就失去了赖以生存发展的基础。谈生态，最根本的就是要追求人与自然和谐。要牢固树立这样的发展观、生态观，这不仅符合当今世界潮流，更源于我们中华民族几千年的文化传承。"古树作为大自然对人类慷慨的恩赐，也是中华民族文明史的最真实的见证，在将生态文明建设作为中华民族永续发展的新时代，其生命会由于我们的保护得以延续，其价值会由于我们的重视得以发挥。因此古树科学的探索和教材的编写及其相关人才的培养皆是生态文明时代的需求。

  我国是世界古树名木资源最为丰富的国家之一，2022年第二次全国古树名木资源普查结果显示，全国普查范围内的古树名木共计508.19万株，其中散生122.13万株，群状386.06万株。这些植物跨越人类文明的梯度、经历严寒酷暑的考验、目睹历史朝代的更替、接受自然灾害和人类干预的洗礼，不畏千磨万击、不畏风吹雨打，体现了树木生命力的顽强，也体现了树木衰老生理科学的维护能力。因此，编写古树保护系列教材，汇集古树生命科学研究成果和开创古树复壮科技人才培养，填补了我国林学和生态学古树领域的学术空白，完善了林业教学和林学学科的内涵。

  随着科技进步和研究手段的创新，古树保护理论与应用技术必将不断地开拓，从关注古树形态表现向关注古树生理转变；从注重古树简单修补向关注植物衰老与复壮的基础生物学理论转变；从关注地上树体功能衰退向关注地上地下整体衰老与复壮联动机制转变；

从关注古树自身的复壮向探索古树与其周边生境的相互影响转变。总而言之，古树的保护和研究还是一个全新的领域，还有很多需要破解的科学问题。因此，即将出版的"高等院校古树保护专业方向系列教材"是我国首套古树保护专业方面的专业教材，难免有不足之处，望予指正。

中国工程院 院士　尹伟伦
2023 年 8 月 于北京林业大学

前言

随着生态文明建设的深入推进，社会各界对古树保护的意识不断增强，古树保护相关法律法规建设稳步发展，古树保护管理正在迈向规范化、法治化。在古树保护事业快速发展的同时，古树保护专业人才短缺问题日益凸显，社会对古树保护专业技术人才的需求快速增长。为满足社会对古树保护专业人才的需要，推动古树保护事业高质量发展，北京农学院开设了林学古树保护专业方向。鉴于目前缺乏古树保护方面的专业教材，为适应教学需要，北京农学院组织各方力量编写古树保护专业课程系列教材。本教材就是该系列教材之一，主要内容包括：古树保护的意义、现状及存在的问题，古树保护的法律法规概况，古树保护的基本原则，古树保护的管理制度、主要措施和违反古树保护管理规定的法律责任等。通过本教材，使学生全面了解掌握为什么要保护古树，国家及地方出台了哪些古树保护相关的法律法规，有关部门制定了哪些保护古树资源的制度和措施，从理论和实践上怎样完善古树保护法律法规体系和管理制度。

法律法规是保护古树资源的重要保障，古树保护必须依法依规来管理。本教材在编写过程中，以现有的古树保护相关法律法规为基础，从古树保护现状和发展需要出发，注重理论与实践相结合、基础知识与实际案例相结合，并与其他相关教材有机衔接，体现了创新性、系统性和专业性。

本教材适用于各有关高校涉及古树保护专业学科的教学需求，同时可供从事古树保护的行政主管部门、相关企事业单位的管理人员和科技人员等参考。

本教材在北京农学院的统一组织和推动下，自2021年8月启动编写，组建了由中国林学会、北京农学院、北京林业大学、山西农业大学、华中农业大学、浙江农林大学、河北农业大学、聊城大学等单位的有关专家组成的编写团队。经过大家的共同努力，按期完成了初稿，并经编写团队多次审阅、讨论，于2022年1月初修改形成了《古树保护法规与管理》审议稿，此后还进行了多次专家讨论，对本教材章节及内容进行了调整和修改。国家林业和草原局生态司原司长赵良平对本教材的编写提出了许多建设性修改意见，丰富了书稿内容，提升了书稿的质量。

本教材的编写得到了北京农学院的全力支持，北京农学院李金苹老师及研究生齐彤、翟硕、那悦琪，南京林业大学方炎明老师，浙江农林大学姜双林老师等参与了资料收集、书稿研讨等工作。借此机会，表示衷心感谢！

由于目前古树保护法律法规不够健全完善，国家层面的古树保护条例尚未出台，很多内容只能依据现有部门规定、地方法规和工作实际来介绍，缺乏一定的权威性，时效性也受到一定局限。请各位读者多关注古树保护立法进展情况。书中如有问题或不妥，欢迎大家批评指正。

编　者

2023 年 8 月

目 录

出版说明
总　序
前　言

第 1 章　绪　论 ··· 1

  1.1　古树保护意义 ··· 1
    1.1.1　古树概念 ··· 1
    1.1.2　古树价值 ··· 1
    1.1.3　古树保护重要意义和必要性 ·· 4
  1.2　古树保护理论基础 ·· 7
    1.2.1　公共物品理论 ·· 7
    1.2.2　生态资本理论 ·· 8
    1.2.3　自然资源价值论 ··· 8
    1.2.4　中国特色文物保护理论 ··· 8
  1.3　我国古树保护现状与存在的问题 ···································· 9
    1.3.1　我国古树保护现状 ··· 9
    1.3.2　我国古树保护存在的问题 ·· 11
  思考题 ··· 13
  推荐阅读书目 ·· 13

第 2 章　我国古树保护法律法规历史沿革 ······························ 14

  2.1　我国古代、近代关于树木保护的法律法规 ····················· 14
    2.1.1　古代关于树木保护的法律法规 ································· 14
    2.1.2　近代关于树木保护的法律法规 ································· 18
  2.2　新中国森林资源法律法规概况 ····································· 19
    2.2.1　森林资源保护概述 ··· 19

    2.2.2 我国森林资源保护法律法规体系 ………………………………… 21
  2.3 我国古树保护法律法规概况 ……………………………………………… 22
  2.4 古树保护法律制度体系建设展望 ………………………………………… 25
    2.4.1 建立健全古树保护的法律法规体系 …………………………… 25
    2.4.2 构建古树保护制度体系 ………………………………………… 26
    2.4.3 完善古树保护科技和标准体系 ………………………………… 27
  思考题 …………………………………………………………………………… 28
  推荐阅读书目 …………………………………………………………………… 28

第3章 我国古树保护法律渊源 ……………………………………………… 29

  3.1 法律法规概述 ……………………………………………………………… 29
    3.1.1 法律法规 ………………………………………………………… 29
    3.1.2 法律分类与部门法 ……………………………………………… 31
    3.1.3 行政法概述 ……………………………………………………… 31
  3.2 古树保护相关法律 ………………………………………………………… 36
    3.2.1 《中华人民共和国森林法》 …………………………………… 36
    3.2.2 《中华人民共和国刑法》 ……………………………………… 37
    3.2.3 《中华人民共和国环境保护法》 ……………………………… 38
    3.2.4 有关司法解释 …………………………………………………… 38
  3.3 古树保护相关行政法规 …………………………………………………… 40
    3.3.1 《城市绿化条例》 ……………………………………………… 40
    3.3.2 《村庄和集镇规划建设管理条例》 …………………………… 40
  3.4 古树保护相关部门规章 …………………………………………………… 41
    3.4.1 《城市古树名木保护管理办法》 ……………………………… 41
    3.4.2 《城市紫线管理办法》 ………………………………………… 41
  3.5 古树保护地方立法 ………………………………………………………… 41
    3.5.1 古树保护地方立法概况 ………………………………………… 41
    3.5.2 古树保护地方立法的成效 ……………………………………… 43
    3.5.3 古树保护地方立法存在的问题 ………………………………… 44
  思考题 …………………………………………………………………………… 45
  推荐阅读书目 …………………………………………………………………… 45

第4章 古树保护的基本原则 ………………………………………………… 46

  4.1 全面保护 …………………………………………………………………… 46
    4.1.1 全面保护的含义 ………………………………………………… 46
    4.1.2 全面保护的必要性 ……………………………………………… 48

4.2 原地保护 … 49
4.2.1 原地保护的含义 … 49
4.2.2 原地保护的必要性 … 50
4.3 属地管理 … 50
4.3.1 属地管理的含义 … 50
4.3.2 属地管理的必要性 … 51
4.4 科学养护 … 52
4.4.1 科学养护的含义 … 52
4.4.2 科学养护的基本要求 … 52
4.4.3 科学养护案例 … 53
4.5 政府主导 … 54
4.5.1 政府主导的含义 … 54
4.5.2 政府主导的必然性和必要性 … 54
4.5.3 政府及相关部门应承担的主要职责任务 … 55
4.6 社会参与 … 57
4.6.1 社会参与的领域 … 57
4.6.2 社会参与的形式 … 58
4.6.3 社会参与的管理 … 59
4.6.4 社会参与的激励机制 … 60
思考题 … 60
推荐阅读书目 … 61

第5章 古树资源管理制度 … 62

5.1 普查和补充调查制度 … 62
5.1.1 古树资源普查制度 … 62
5.1.2 古树资源补充调查 … 65
5.2 古树的鉴定、认定和公布 … 66
5.2.1 古树的鉴定与认定 … 66
5.2.2 古树的公布 … 66
5.2.3 古树鉴定、认定和公布的权限规定 … 67
5.3 古树档案管理 … 67
5.3.1 古树档案类型 … 68
5.3.2 古树档案建立和管理 … 68
5.3.3 古树信息管理系统 … 68
5.4 古树死亡处置 … 69
5.4.1 古树死亡判定标准 … 69

5.4.2 古树死亡的处置流程 ·· 70
5.4.3 古树死亡的处置类型 ·· 71
思考题 ·· 72
推荐阅读书目 ·· 72

第6章 古树保护管理制度 ·· 73

6.1 古树保护规划制度 ··· 73
6.1.1 制定古树保护规划的必要性 ·· 73
6.1.2 制定古树保护规划的主要原则 ·· 74
6.1.3 制定古树保护规划的主要流程 ·· 74
6.2 古树分级保护制度 ··· 75
6.2.1 古树分级保护的必要性 ·· 75
6.2.2 古树分级保护的实践 ·· 75
6.3 古树养护制度 ··· 75
6.3.1 古树日常养护制度 ·· 76
6.3.2 古树专业养护制度 ·· 77
6.4 建设工程避让与古树移植保护管理相关规定 ··· 77
6.4.1 建设工程避让 ·· 77
6.4.2 建设工程无法避让的古树保护制度 ·· 78
6.4.3 古树移植管理 ·· 79
6.5 古树保护的资金投入机制 ··· 83
6.5.1 古树保护资金概况 ·· 83
6.5.2 古树保护资金来源 ·· 83
6.5.3 古树保护资金的多元投入机制创新 ·· 86
6.6 古树保护补偿和日常养护补助制度 ··· 86
6.6.1 我国生态补偿制度现状和存在的问题 ·· 86
6.6.2 建立古树保护补偿和补助制度的必要性和重要性 ······························ 88
6.6.3 建立古树保护补偿制度的理论和政策依据 ·· 89
6.6.4 古树保护补偿制度 ·· 91
6.6.5 古树日常养护补助制度 ·· 93
6.7 古树合理利用 ··· 93
6.7.1 古树合理利用类型 ·· 94
6.7.2 古树合理利用管理 ·· 95
6.8 古树保护巡查检查制度 ··· 96
6.8.1 巡查检查的重要意义 ·· 96
6.8.2 巡查检查的主要内容 ·· 96

思考题 97
　　推荐阅读书目 97

第7章　古树保护管理措施 98

7.1　古树保护标识与保护设施 98
　　7.1.1　古树保护标识 98
　　7.1.2　古树保护设施 99

7.2　古树生境保护 100
　　7.2.1　古树生境保护范围 100
　　7.2.2　古树生境保护措施 100

7.3　古树群保护 100
　　7.3.1　古树群概念和保护意义 100
　　7.3.2　古树群保护措施 101

7.4　环境公益诉讼 102
　　7.4.1　公益诉讼概念和特点 102
　　7.4.2　环境公益诉讼制度概况 102
　　7.4.3　古树保护环境公益诉讼 104

7.5　古树保护机制创新 106
　　7.5.1　生态司法保护 106
　　7.5.2　建立古树保护树长制 107
　　7.5.3　古树保护市场化机制 108

7.6　古树保护科普宣传 108
　　7.6.1　开展古树保护科普宣传的重要意义 108
　　7.6.2　古树保护科普宣传主要形式 109

7.7　古树保护科学研究和标准体系 112
　　7.7.1　古树保护科学研究 112
　　7.7.2　古树保护标准体系 114

　　思考题 117
　　推荐阅读书目 117

第8章　违反古树保护管理规定的法律责任 118

8.1　古树保护管理单位和人员的行政法律责任 118
　　8.1.1　古树保护管理单位和人员内涵界定 119
　　8.1.2　古树保护管理单位的行政责任 119
　　8.1.3　古树保护管理单位及其工作人员违法行政责任 120

8.2　古树养护责任人行政法律责任 121

  8.2.1 古树养护责任人内涵 …………………………………………… 121
  8.2.2 古树日常养护责任人范围 ………………………………………… 122
  8.2.3 古树日常养护责任人行政违法责任 ……………………………… 122
 8.3 其他违反古树保护管理规定的行政违法责任 …………………………… 124
  8.3.1 其他违反古树保护管理的行政违法行为类型 …………………… 124
  8.3.2 违反古树保护管理禁止性规定的法律责任 ……………………… 126
  8.3.3 违反古树保护管理限制性规定的法律责任 ……………………… 127
 8.4 古树保护管理所涉及刑事责任 …………………………………………… 127
  8.4.1 概述 ………………………………………………………………… 128
  8.4.2 危害国家重点保护植物罪 ………………………………………… 128
 思考题 ……………………………………………………………………………… 131
 推荐阅读书目 ……………………………………………………………………… 132

参考文献 ………………………………………………………………………… 133

附 录 …………………………………………………………………………… 134
 附录1 《城市古树名木保护管理办法》 …………………………………… 134
 附录2 《四川省古树名木保护条例》 ……………………………………… 137
 附录3 国外与古树名木类似概念的树木保护法律制度概况 …………… 143

彩图 ……………………………………………………………………………… 151

第 1 章 绪 论

本章提要

古树是自然界和前人留下的珍贵遗产,是不可再生的珍贵资源,具有重要的历史、文化、种质资源、生态、科研、景观和经济价值。古树具有公共物品的属性,是典型的生态资本。公共物品理论、生态资本理论、自然资源价值论和中国特色文物保护理论为古树保护提供了理论支撑。我国自古以来就有崇拜树木、保护树木的优良传统。改革开放以来,我国古树保护事业稳步推进,在法律法规建设、保护资金、日常养护、技术规范等方面取得了长足的进步。但当前还存在法律法规不完善、经费投入不足、管护不力、人为破坏、技术支撑不足和人才匮乏等问题,亟待加强古树保护。

1.1 古树保护意义

1.1.1 古树概念

古树是指树龄在 100 年及以上的树木。树龄是认定树木是否为古树的重要标准,也是对古树进行分级保护和管理的依据。在实践中,古树树龄的确定是一个世界性的难题,目前确定古树树龄的常用方法有文献追踪法、访谈估测法、针测仪测定法、树轮年代学法、CT 扫描测定法、碳十四测定法和回归估测法(年轮与直径)等。古树群是指一定区域范围内相对集中生长、形成特定生境的古树群体。古树群既可以是同树种相对集中生长形成的古树群落,也可以是多种不同树种混交形成的古树群落。为了加强古树保护,在我国部分省(自治区、直辖市)将树龄接近 100 年的树木界定为古树后续资源,例如,上海市将 80 年以上 100 年以下的树木界定为古树后续资源。

1.1.2 古树价值

1.1.2.1 古树的价值组成

古树是森林资源中的瑰宝,是自然界和前人留下的珍贵遗产,客观记录和生动反映了社会发展和自然变迁的痕迹,传承了人类发展的历史文化,承载了广大人民群众的乡愁情思。古树是研究历史文化、历史水文、生态气候等诸多学科领域的"活文物""活化石""活标本",具有重要的历史、文化、种质资源、生态、科研、景观和经济价值。

(1) 历史、文化价值

古树具有独特的历史、文化价值。古树是历史的见证者,也是文化的载体。古树是经历千百年而存活下来的林木中的佼佼者,是活的文物和化石,不仅经历了风风雨雨,而且记录了人类文明发展史、城市建设史及政治兴衰史,见证了王朝的兴替、农民的耕种、民族的磨难与崛起,在历史长河中有其独特的见证作用。例如,我国传说中的周柏、秦松、汉槐、隋梅、唐杏(银杏)、唐樟等,均可作为历史的见证。北京颐和园东宫门内有两排古柏,八国联军火烧颐和园时曾被烧烤,靠近建筑物的一侧从此没有树皮,它是帝国主义侵华的罪证。另外,古树的历史、文化价值还体现在古树是文化的载体方面。例如,陕西黄帝陵的黄帝手植柏(见彩图1)、山东泗水安山寺孔子手植银杏等古树,记载了古代帝王、名人的历史传说,昭示着祖先爱树护绿的传统文化。在古树中有很多历史典故、神话传说等。所有这些使人们有兴趣去进一步了解、熟悉它们,这也是中华民族文化的一部分。有的古树被赋予人文情怀,如黄山的迎客松、送客松,这些古树由此具有特殊的文化价值。有些古树甚至成了中华文明的象征,如山西洪洞大槐树第二代树已经有400多年的树龄,被很多人称为根祖所在,蕴含着丰富的历史人文价值,可以说,保护这些古树就保护了文化之根。此外,很多古树甚至成为神化的象征,成为人们寄托思想、祈求愿望的对象。如西南少数民族地区的"神树"、风水林等。

(2) 种质资源价值

古树具有丰富的种质资源价值。古树具有古老的基因资源,历经千百年的风雨而保留下来,具有很强的适应性,是一个地区难得的种质资源。古树的基因图谱极具特殊性,尤其是长寿基因和抗性基因等,对保护生态、维护生物多样性等有着不可替代的作用,具有弥足珍贵的价值。例如,1946年由我国植物学家胡先骕和郑万钧发现并命名的水杉,被公认为是我国乃至世界20世纪植物界的重大发现,它对于古植物、古气候、古地理和地质学,以及裸子植物系统发育的研究均有重要的意义。另外,许多古树是弥足珍贵的遗传资源。如浙江舟山的普陀鹅耳枥,是世界上最稀有的树,在中国只有一株,被称为"地球独子"。目前,通过现代科学技术对普陀鹅耳枥、黄帝手植柏、老子手植银杏等珍稀古树进行扩繁,以更好地利用这些珍稀的种质资源(见彩图2)。

(3) 生态价值

与一般树木相比,古树的树冠巨大、树根发达、生态价值显著,主要体现在以下几个方面:①古树经过多年的生长,树体巨大,碳储量丰富,健康生长的古树吸收二氧化碳(CO_2),释放氧气,净化空气。②古树枝叶茂盛,是天然的绿色屏障,能够防风减灾。③古树的树干和枝叶是天然的降音利器,当声波进入后,会经过枝叶的多次吸收,降低声波。④古树根系发达,能够防风固沙,减少水土流失。⑤古树枝叶繁茂,能改善周边的小气候,古树周边会比其他区域的空气更湿润、凉爽。⑥古树是鸟类和其他小动物的庇护所,是动物嬉戏的乐园。如西藏林芝的巴结乡境内的巨柏自然保护区内巨柏(又称雅鲁藏布江柏树),树体巨大,平均每公顷蓄积量为678.34m^3,平均单株体积33.9m^3,储存了大量的碳汇。广东新会的"小鸟天堂"(见彩图3),距今已有400多年的历史,枝叶覆盖面积逾 1 万 m^2，吸引众多鸟类前来栖息。广东新会"小鸟天堂"内共有 15 目 35 科 105 种野生鸟类，其中，国家二级保护鸟类 9 种，省级重点保护鸟类 19 种，常年栖息在景区内的鹭鸟数量超过 3 万只，是广东省乃至华南地区最大的鹭鸟群落地之一。

(4) 科研价值

古树具有重要的科研价值。它蕴含着极其丰富的科研内涵，是探索大自然奥妙的钥匙。古树的生长受自然环境、气候变迁的影响，从古树的生长可以找到气候变化、自然环境变迁的资料和证据，从而为研究自然环境的发展变化、气候的变化提供第一手资料，为掌握自然演变和气候变化规律奠定良好的基础。在这些珍贵稀少的古树上，记录了山川、气候等环境巨变和生物演替的信息，记录了降水量、地下水和年代的变化，每一株古树都记录和蕴含着可供人们发掘利用的信息。如有"活化石"之称的水杉对研究植物区系的发生、发展和古生物、古地质、古基因、古气象等研究极具参考价值，意义非常重大（见彩图 4）。古树是科学绿化、适地适树的重要参考。如河北塞罕坝林场的古落叶松，称为"功勋树"，高 20 多米，树龄已逾 200 年，为林场建设者选择造林树种提供了科学借鉴，成就了绿色传奇。

(5) 景观价值

古树是大自然的杰作，是中华民族的珍贵遗产。古树具有令人愉悦的美学功能，如姿态美、色彩美、意境美，且经过大自然长期的雕琢，具有苍劲古朴的美学特点，具有十分重要的景观价值。古树是风景名胜区、城市公园、古村落、历史古迹等区域的标志性景观，一张不可多得的风景名片。例如，安徽黄山的迎客松（见彩图 5），生长在悬崖峭壁之中，风姿绰约，恰似一位好客的主人，挥展双臂热情欢迎五湖四海的宾客，成为黄山风景名胜区的标志性景观。许多古树树形奇特，苍劲古雅，吸引广大游客前来观赏，可建设成为新的古树公园或旅游景点。如位于河北丰宁县城西北方向 15km 处的五道营乡的"九龙松"，据专家考证，此树栽植于北宋中期，距今已有 980 余年的历史。从其外观看，它有九条粗大的枝干，盘旋交织在一起，枝头好似龙头，树身弯弯犹如龙身，树皮呈块状好似龙鳞，故当地百姓称为"九龙松"。因为"九龙松"丰富的景观价值，成为新的旅游景点，促进了当地旅游业的发展。古树是风景名胜区、陵园、寺庙的重要组成部分，如果没有古树，风景就大打折扣。如北京天坛公园的"九龙柏"、北海公园团城上的"遮荫侯"、戒台寺"活动松"等，它们把祖国的山河装点得更加美丽多娇。

(6) 经济价值

古树的经济价值又称基本价值。首先，有些古树的果实、种子、叶片等有很高的经济价值。如香榧、山核桃、板栗、山楂、柿、枣树的果实是重要的食用植物资源（见彩图 6），茶树叶是重要的饮品原料，银杏叶、杜仲、厚朴、南方红豆杉等是重要的药用植物资源。其次，古树树体巨大，有些古树材质好，经济价值较高。

1.1.2.2 古树的价值评估

古树具有多种价值，如何评估古树的单项价值和综合价值是古树保护中的重要问题。古树的价值评估方法多样，主要有公式法、现行市价法、条件价值法、层次分析法、程式方程法、专家咨询法、实地调研法、问卷调查法。其中，现行市价法是指通过市场上类似资产的交易情况来确定评估对象的资产价额的方法。国家规定古树作为一种保护资源，禁止在市场上买卖流通，因此，缺少可供参考的对象，现行市价法的使用有很大的局限性。层次分析法、程式方程法、专家咨询法，这些方法可以综合评价古树的价值，包括那些难以量化的指标，但是这些方法并不能做到完全客观地反映一株古树的价值。

在实践应用中，北京、山西、安徽等地出台了古树价值评价的相关地方标准，对本行政区域内古树的价值和损失价值进行定量评估。北京市和山西省出台的古树价值评价地方标准类似，都是从古树的基本价值出发，引入生长势调整系数、树木级别调整系数、树木生长场所调整系数，以及养护管理实际投入来计算古树的价值，并提出了古树损失价值的评估方法。安徽省出台的地方标准从包括古树基本价值在内的五个价值指标中选择评估因子，确定各项因子的调整系数，建立评估模型，可以针对单株古树的价值和区域古树的总价值进行评估。

2020年，国家发展改革委价格认证中心根据国家有关法律、法规和规范性文件，结合林木价格认定工作实际需要，修订并发布了《林木价格认定规则（2020年）》。《林木价格认定规则（2020年）》对古树的价格认定进行了规定。古树价格认定一般采用专家咨询法或按下列公式计算。

$$古树价值 = 古树树种价值 \times 生长势价值系数 \times 树木级别价值系数 \times 树木场所价值系数 + 养护管理的客观投入$$

式中　古树树种价值根据古树的树种、胸径，参照地方园林绿化苗木价格标准确定；生长势价值系数根据古树的树冠、树干饱满程度，是否有病虫害等树木生长因子情况确定；树木级别价值系数根据古树树龄的长短确定；树木场所价值系数根据树木生长区域所处的位置确定。古树树种价值及相关系数参照地方标准确定。

古树价格的认定方法适用于各级价格主管部门设立的价格认定机构对纪检监察、司法、行政工作中涉及的价格不明或价格有争议的古树的价格认定。价格认定结论经纪检监察、司法、行政机关确认后作为办理案件的依据。

1.1.3　古树保护重要意义和必要性

1.1.3.1　古树保护的重要意义

古树保存了弥足珍贵的物种资源，记录了大自然的历史变迁，传承了人类发展的历史文化，孕育了自然绝美的生态奇观，承载了广大人民群众的乡愁情思。加强古树保护，对于保护自然变迁和社会发展历史、弘扬先进生态文化、推进生态文明和美丽中国建设、维护生态平衡和生物多样性具有十分重要的意义。

(1) 是保护自然变迁和社会发展历史的需要

保护古树是保护自然变迁和社会发展历史的重要举措。古树是不可再生的自然遗产，被称为有生命的绿色"活文物""活化石"，千百年来，古树饱经磨难而不衰、历经风雨而不倒，充分展示了其对大自然超凡的适应能力和突出的抗逆性，记录了自然的变迁，传承了人类发展的历史文化，孕育了自然绝美的生态奇观。古树历经百年千载，饱经风霜雨雪和世事沧桑，保留了丰富的自然和文化记忆。它们是有生命的文物，客观记录、反映了社会的发展轨迹和自然的演替变迁，承载了中华民族的灿烂历史，体现文明古国的文化传承。北京天坛公园内有 $25hm^2$ 的古柏林，种植于天坛内坛的柏树均株行有序，规矩地环绕在建筑四周，仿佛守卫祭坛的军队，这些柏树称为"仪树"；种植于天坛外坛的柏树相对随意分散，间杂多种落叶乔木，不依次序，高低错落，称为"海树"。柏树寿命长，且是一种常绿树木，无论春夏秋冬，都以繁茂之姿凸显祭天场所的神圣与肃穆，而其又为苍青色，与苍璧同色，符合古代"以苍璧礼天"的传统观念。天坛公园的古柏树见证了天坛的历史，标示了天坛古建筑存在的时间，丰富了天坛文化的内涵。美国前国务卿基辛格参观北京天坛古柏时不禁感慨："天坛的建筑很美，我们可以照样修一个，但这里美丽的古柏，我们就无能为力了。"试想，如果没有这些古柏树，天坛公园的文化将是缺失的、不完整的。因此，保护古树就是保护大自然变迁的例证，也是保护社会发展历史的迫切需要。

(2) 是弘扬先进生态文化的需要

古树既是生态资源，也是重要的文化资源。古树是一个乡（镇）、一个村庄、一座城市悠久历史的"见证者"，承载了广大人民群众的乡愁情思。古树是生态文化的载体，我国历来都有保护古树的优良传统，如河南登封市嵩阳书院的"将军柏"，汉代就有为"将军柏"垒砌的树堰，明代人把"将军柏"的图案精细地刻在石碑上，清代人用石柱作"将军柏"支柱。许多地区在长期的生产生活中形成了敬畏古树、保护古树的文化，通过村规民约、祭祀活动等形式保护古树，这些保护古树的文化是典型的生态文化，体现了尊重自然、顺应自然、保护自然的生态文明理念。在新时代，古树是生态文化最鲜明的载体，保护古树就是保存一部自然与社会发展史书，也是保存一件珍贵古老的历史文物。加强古树保护，是传承生态文化的重要抓手，对于保护自然与社会发展历史，弘扬中华民族优秀传统文化和社会文明，促进人与自然和谐发展，促进绿色发展具有十分重要的意义。

(3) 是推进生态文明和乡村振兴战略的需要

2015年4月，中共中央、国务院出台《关于加快推进生态文明建设的意见》，要求"切实保护珍稀濒危野生动植物、古树名木及自然生境"。古树历经千百年的历史洗礼，与当地环境和社会融为一体，是生态文明建设的重要抓手。古树孕育了自然绝美的生态奇观，沉淀了深厚的文化底蕴，是城乡景观和文化的重要组成部分，也是人们长期与自然和谐共生的生动体现。加强古树保护，是提升城乡生态环境质量的重要举措。从某种意义上说，哪里的古树保护得好，也就反映了该地人们的文明程度高和生态意识强。古树在推进乡村振兴战略中承载着特殊的作用，是独特的绿水青山资源，彰显了乡村独特的自然风貌。同时，古树也是独特的历史文化资源，代表乡村悠久的历史风貌，是乡愁的重要载体。如果乡村振兴过程中遗失了古树，乡村就少了许多文化底蕴，少了特色，少了乡愁。加强古树保护，充分挖掘古树生态、文化、景观等价值，把古树打造成一道特色风景线，是推动乡村振兴的重要抓手。因此，保护古树，对推进生态文明和乡村振兴战略具有重要的现实意义。

(4) 是保护优良种质资源和遗传基因的需要

古树是森林资源中的瑰宝，是一座优良林木种源基因库，经过千百年的自然选择而保留下来，保存了弥足珍贵的物种资源，具有丰富的遗传多样性和物种多样性。古树是当地优良的乡土树种，古树的存在代表着这个区域适宜生长的树木品种，为当地科学绿化提供树种选择的依据。因此，保护古树有助于保存优良的遗传基因资源，对于维护生物多样性具有重要意义。

1.1.3.2 古树保护的必要性

古树是珍贵稀有的森林资源，一旦损失，无法挽回。当前，我国的古树正面临着人为破坏、建设工程损坏等人为因素的侵害，部分古树因为生长势衰弱面临着严重的自身健康问题，亟待加强保护。

(1) 古树一旦毁坏可能丧失多种功能属性，需要大力保护

在城镇化的进程中，由于人们对古树保护重要性的认识不够，大量的古树遭到移植或毁坏。古树的树龄都逾百年，有的甚至上千年，记载着当地丰富的历史、文化、气候等信息，一旦遭到毁坏，将难以再生。另外，古树被毁一株，就意味着一段历史的消失，意味着古树及其周边的生态系统功能的消失，意味着许多重要的遗传资源的消失。这种消失是难以弥补的，因此，我们要大力加强古树保护，确保古树的健康生长。

(2) 人为破坏、工程损毁危害古树生存健康，亟须加强保护

近年来，我国经济社会快速发展，工程建设、城市发展的速度较快，一些地方政府和部门不能正确处理经济建设与保护古树名木的关系，在修路、架桥等城乡建设工程中，遇到古树，有时不采取避让保护措施，对古树的生存环境造成严重的影响，更有甚者，认为古树是建设工程施工的阻碍，随意对建设工程所在区域的古树进行移植或砍伐，使得部分古树被损毁。由于相关保护管理法规和制度的不健全，建设工程损坏、破坏古树的行为时有发生，亟待加强古树保护的法律法规建设，严格规范建设工程涉及古树时的施工行为，全面、科学地保护古树，杜绝各类移植和砍伐古树的行为。

①人为破坏是影响古树生存和健康的重要因素。许多古树生长在人为活动频繁的区域，由于人类的活动改变了古树原生的生长环境，古树周围土壤的理化性质发生了改变，导致土壤密度过高、透气性差等，影响根系对土壤养分的吸收；在树干周围用水泥砖或其他硬质材料进行大面积铺装，造成了土壤通气性能的下降，致使根系无法从土壤中吸收到足够的水分；生活污水或工业废水的错误排放导致土壤酸碱度的变化，重金属离子富集；在树干周围堆砌建筑材料、乱刻乱划、钉钉子等行为，以及城区改造过程中对古树根系分布和树干的损伤等都会影响古树的健康。

②由于古树的价值非常高，部分不法分子受利益驱使，非法砍伐、买卖、毒死古树的行为时有发生，对古树造成毁灭性的破坏。

③古树作为人类精神文化的重要组成部分，往往用于寄托人们美好的愿景，因此，一些迷信活动往往对古树造成不可恢复的伤害。例如，浙江天目山国家级自然保护区内的"大树王"柳杉，曾因乾隆皇帝抱过此树而知名，然而，许多游客迷信树皮包治百病的谣言，将此树皮一点点剥去，到20世纪30年代，这株"大树王"最终因干枯而死。因此，需要加强古树的保护力度，禁止人为破坏古树枝干及其生长环境的行为，严厉打击非法砍伐、买卖古树的违法行为，保证古树的正常生长。

(3) 古树自身健康有隐患，需要加强保护

由于古树树龄往往较高，树木老化，生长和代谢机能下降，自身抵抗外界干扰进行自我修复能力较弱，部分古树都存在一定的健康问题，需要进行保护。当树木进入自然成熟阶段后，随着树龄的不断增长，根系发育日益衰退，从树根吸取的水分和养分越来越不能满足地上部分的需要；老化和养分不足导致树木生理机能逐渐下降、生命力衰弱，进而失去内部生理平衡，逐渐衰败。大部分古树因树体高大且多为孤立木，在遭受自然灾害时，很容易发生树体倒伏、树干烧伤等树木严重损伤情况，导致生长不良甚至濒临死亡的结果。另外，古树的健康还受到气候、土壤性质、雷电、风暴、火灾和病虫害等环境因素的影响。研究表明，如果古树的健康状况存在潜在隐患，在极端天气的影响下更容易出现损伤或死亡。人类活动导致酸雨事件的频发也会破坏古树表层结构，致使多种细菌进入树木内部，在肉眼无法识别的情况下造成树木内部腐烂或形成空洞。古树也很容易受到病虫害的侵害，高龄的古树已经过了其生长发育的旺盛时期，开始或者已经步入衰老至死亡的生命阶段，如果日常养护管理不善，古树树势衰弱已属必然，为病虫的侵入提供了条件。对于已遭到病虫危害的古树，若得不到及时和有效的防治，其树势衰弱的速度将会进一步加快，衰弱的程度也会因此进一步加剧。

鉴于古树的重要价值，以及当前古树因人为破坏、工程损坏和自身健康因素等导致的健康隐患，有必要对古树进行全面的保护，严禁各种破坏古树及其生长环境的行为，及时消除影响古树正常生长的各类隐患，加强古树的养护、抢救和复壮，确保古树这一珍贵的自然和文化遗产能够延续下去。

1.2 古树保护理论基础

1.2.1 公共物品理论

公共产品理论的研究最早可追溯到古典政治经济学时期，其代表人物是亚当·斯密和大卫·休谟，他们分别提出了"守夜人"与"搭便车"思想。逾 100 年后，著名经济学家保罗·萨缪尔森真正将公共产品与私人产品两个概念明确区分。布坎南的公共选择学派发展了公共产品理论，使其更具有实用性和操作性。进入 20 世纪 60 年代，公共产品理论成了相对独立的经济学科，该时期的代表人物是美国著名学者马斯格雷夫 (Richard Abel Musgrave) 与斯蒂格利茨 (Joseph Eugene Stiglitz) 教授。当前，公共产品理论研究越来越依靠数学方法，并且更多地关注发展中国家和国际化问题。

公共产品 (public goods) 又称公共物品。按照微观经济学理论，社会产品可以分为公共产品和私人产品两大类。一般认为，公共产品的严格定义是美国著名经济学家保罗·萨缪尔森提出的。按他的定义，纯粹的公共产品是指每个人消费这种产品不会导致他人对该产品消费的减少。与私人产品相比，纯粹的公共产品具有非竞争性和非排他性两个基本特征。非排他性的表现之一就是指公共物品一旦生产出来，任何人都可以自由地消费，而不必经过其他人或组织的认可，不能根据他是否支付了费用来决定他的消费资格。由于公共物品具有非排他性，每个人认识到无论他付费与否都可以享用公共物品，那么他就不会有自愿付费的动机，而倾向于"免费搭车"（搭便车），即总想让别人提供公共物品，然后自己免费享用。可见，如果私人或企业提供公共物品，那么成本就无法收回，因此，由私人或企业提供公共物品，就会造成公共物品的供给不足，从而损害社会福利。于是，西方经济学家认为公共物品会导致市场失灵，应该由政府提供，如 1932 年英国著名经济学家阿瑟·塞西尔·庇古在《福利经济学》和 1964 年保罗·萨缪尔森在《经济学》中都以灯塔为例说明政府必须提供公共物品。

古树具有公共产品的典型属性。古树的生态、文化、景观等价值具有非竞争性和非排他性，任何人对古树的消费不会影响他人的消费水平。保护古树具有典型的外部性，需要政府来提供古树保护的基本公共服务。古树的养护、抢救、复壮、破坏古树的追责等应由政府负责。

1.2.2　生态资本理论

生态资本又称自然资本，是指为人类带来社会经济效益、生态资源和生态环境。生态资本的含义包括三个方面：①生态资产有使用价值，有效用。生态资产是一切物质财富的基础，它既是环境要素，又是生产要素和财产。②生态资产的供给是相对稀缺和有限的。③在市场条件下，一些生态资产，如土地、水、森林、矿产等是可交易资源，而有些生态资产，如空气、环境因素等是不可交易资源。可交易资源可被占有和排他使用，而非可交易资源无法排他使用。前一类生态资产有市场价格，可评估价值；后一类资源只能在有限的范围内估算价值或者难以定价。根据生态资产价值所涉及的领域，可以将生态资产价值划分为经济价值、社会文化价值和生态价值三类。生态资本的价值就是生态资本每年所产生的服务价值的折现值总和。生态资本价值的评估可以根据有无市场的存在采取以下方法：对已经市场化的产品和服务，采用市场价值法进行评估；对准市场化的服务和产品，采用替代市场法进行评估；对没有市场的服务和产品，采用假想市场法进行评估。

古树是典型的生态资本，具有生态、经济和文化等多重价值。古树的价值评估多采用替代市场法或者假想市场法进行评估。

1.2.3　自然资源价值论

自然资源价值论是可持续发展理论的重要内容。可持续发展要求人与自然的和谐统一，既包括人与物之间的关系，也包括人与人之间的关系。自然资源的使用价值体现的是人与物之间的关系，自然资源的价值体现的是人与人之间的关系。可持续发展是建立在自然资源公平协调的基础上的，既包括代内的公平，也包括代际的公平。自然资源价值论认为自然资源可分为未经人类劳动加工开采的原生自然资源和经过人类劳动加工于原生自然资源基础上形成的自然经济资源。原生的自然资源有价格，无价值。

广义的森林资源是指森林、林地及生长和生活在林地上的生物的总称，是重要的自然资源。狭义的森林资源主要是指树木资源，尤其是乔木资源。与其他自然资源相比，森林资源是活态的资源，随着时间和周围环境的变化而不断变化。古树作为一种特殊的森林资源，是自然和前人留下的宝贵遗产，具有丰富的生态、文化、科学、景观等价值。保护古树是保护生态环境、促进人与自然和谐共生的需要，也是传承宝贵的自然遗产、推动代际之间享受平等生态福祉的需要。

1.2.4　中国特色文物保护理论

文物是人类在社会活动中遗留下来的具有历史、艺术、科学价值的遗物和遗迹。各类文物从不同的侧面反映了各个历史时期人类的社会活动、社会关系、意识形态，以及利用自然、改造自然和当时生态环境的状况，是人类宝贵的历史文化遗产。根据文物的存在形态,可以将文物划分为不可移动文物和可移动文物。当前,我国文物保护理论体系正在不断完善和丰富中。当前中国特色的文物保护理论主要包括:文物的价值界定为历史、艺术和科学价值;文物具有标示(中华文化历史延续性)、研究、借鉴和教育功能;文物保护要坚持为人民服务、为社会主义服务的方向,要坚持"保护为主、抢救第一、合理利用、加强管理"的十六字方针;文物保护要坚持以国家为主、全民参与等。

古树历经百年千载,见证了重大历史事件和人类社会变迁,保留了丰富的文化记忆。它们是有生命的文物,客观记录、反映了社会的发展轨迹,承载了中华民族的灿烂历史,体现了文明古国的文化传承。如陕西黄帝陵的黄帝手植柏相传是由黄帝亲手栽植,约有5000年的树龄,见证了中华民族五千年的繁衍生息和发展变化,是黄帝陵景区最有价值的文化遗产。古树具有不可移动文物的属性,是活的文物,古树所蕴含的丰富文化价值,只有在原生地环境中才能得以体现。因此,古树需要原地保护,禁止移植古树的行为。同时,古树的保护要坚持以政府为主、全民参与。国家通过立法、行政、经济、教育和科技等手段保护古树资源,为群众参与古树保护提供便利,充分发挥群众的积极性是保护好古树资源的重要保障。

1.3 我国古树保护现状与存在的问题

1.3.1 我国古树保护现状

我国在2001年和2017年先后组织开展了两次全国古树名木资源普查。第二次古树名木资源普查初步结果显示,相比第一次全国古树名木资源清查,我国古树的数量有了一定的增加,主要原因在于:①时间的推移导致一些树木达到100年以上而进入古树行列;②第一次调查中存在遗漏、部分年龄鉴定不准确的古树,第二次调查更全面、更详细。

1.3.1.1 资源现状

第二次古树名木资源普查结果显示,全国普查范围内的古树名木共计508.19万株,包括散生122.13万株和群状386.06万株;分布在城市的有24.66万株,分布在乡村的有483.53万株。散生古树名木中,古树121.4865万株、名木5235株、古树且名木1186株,数量较多的树种有樟树、柏树、银杏、松树、槐树等;群状古树分布在18 585处古树群中。

全国散生古树中,树龄主要集中在100~299年,共有98.75万株;树龄在300~499年的有16.03万株;树龄在500年以上的有6.82万株,其中,1000年以上的古树有10 745株,5000年以上的古树有5株。

古树名木资源最丰富的省份是云南,超过100万株,陕西、河南、河北超过50万株,浙江、山东、湖南、内蒙古、江西、贵州、广西、山西、福建超过10万株。

全国散生古树名木按权属分,国有18.23万株,集体90.97万株,个人12.41万株,其他0.52万株;按生长环境分,良好96.98万株,中等18.04万株,差6.85万株,极差0.26万株;按长势情况分,正常103.73万株,衰弱15.77万株,濒危2.63万株。

1.3.1.2 古树的保护管理体制

古树分布范围十分广泛,涉及部门多、难度大,在古树保护的过程中,需要多部门共同开展保护工作，因此，目前我国古树的保护管理体制实行政府统一领导，部门分工负责。县级以上绿化委员会承担本行政区域内古树保护管理的组织协调、检查指导工作。县级以上人民政府林业主管部门负责城市外古树的保护管理工作，城市绿化主管部门负责城市古树的保护管理工作。具体包括开展古树普查、建档、挂牌，落实管护责任单位或个人，监督、检查各项管护措施的落实、濒危古树名木的抢救、古树名木移栽的审批等保护管理工作。县级以上人民政府、公安、财政、自然资源、生态环境、农业农村、水利、交通运输、文化和旅游、文物、民族宗教等部门在职责范围内做好古树名木保护管理工作。北京、江西等部分省（自治区、直辖市）明确古树由各级林业行政主管部门确认和公布，林业行政主管部门、住建部门按照人民政府规定的职责分别负责本行政区域内农村和城市古树的保护管理工作。

1.3.1.3 古树保护现状

（1）古树保护的宣传力度不断加大

近年来，各级林业及住建、园林等主管部门通过电视、广播、报刊、通告、横幅、标语，举办咨询，出版书籍等多种宣传形式，大力宣传保护古树的重要性，社会各界保护古树的意识有所增强。北京市十三陵特区有古树4000余株，十三陵特区办事处在古树保护宣传中做了大量工作，组织中央电视台等新闻媒体多次报道十三陵特区古树保护情况和绿化工作现状，对提升周边群众及广大游客保护古树名木的意识起到了很好的宣传促进作用。江苏南京市地铁三号线因建设需要，被南京市民视为"城市灵魂"的法国梧桐树的命运引发了市民们的关注和热议，网友纷纷呼吁"留住我们的法国梧桐树""梧桐之于南京不仅仅是行道树，还是历史、精神、文化和标志，是任何其他树种代替不了的"。

（2）古树保护法律法规建设逐步推进

从国家层面来看，古树保护写进了《中华人民共和国森林法》（以下简称《森林法》）、《中华人民共和国环境保护法》（以下简称《环境保护法》）、《城市绿化条例》等法律法规，受到法律法规的严格保护。建设部2000年颁布的《城市古树名木保护管理办法》对位于城市的古树资源保护作出了规定。一些地方针对古树的保护与管理，制定了地方性法规、规章，使得古树名木保护工作有法可依、有章可循。据统计，截至2023年8月，北京、上海、安徽、陕西、江西9省（直辖市）的人大常委会颁布了《古树名木保护管理条例》；湖北、浙江、福建、云南等8省（直辖市）人民政府出台了《古树名木保护管理办法》；辽宁、江苏、广东等9省人大常委会所颁布的《城市绿化管理条例》中涉及城市古树的保护。同时，青岛、苏州、福州、长沙等市制定了古树名木保护管理条例或规定、办法、暂行办法等。

（3）开展古树资源普查建档挂牌等工作

我国先后于2001年和2017年开展了两次古树名木普查工作，对全国范围内除东北、内蒙古国有林区原始林分，西南西北国有林区原始林分和自然保护区以外的古树名木进行了普查、建档和挂牌工作。特别是2017年开展的第二次全国古树名木普查工作，制定了《古树名木普查技术规范》（LY/T 2738—2016）和《古树名木鉴定规范》（LY/T 2737—2016）行业标准，对全国不同区域的古树进行了详细的普查，逐株进行现场调查实测、填卡、拍照，用GPS测定经纬度值，并用数码相机拍摄电子版全景彩色照片，基本掌握了我国古树资源的总量、分布状况、生长状况和保护管理现状。结合古树资源的普查，各地不断推进古树的建档和挂牌等工作。

（4）部分省份落实了古树保护专项资金

北京市持续加大古树名木保护投入，自2006年以来在确保濒危、衰弱古树抢救复壮资金的基础上，2021年起又投入超过2亿元开展了古树体检、保护规划编制、信息平台建设等工作。2011年，湖北省林业厅与财政厅联合下发了《湖北省一级保护古树名木省级财政补助资金管理暂行办法》，划拨专项资金用于一级古树资源保护，补助资金包括一次性补助3000元/株，用于挂牌、围栏、安装避雷针等，常年抚育管护资金500元/(株·年)；近年来年均投入专项资金2000万元左右。自2016年起，浙江省财政每年投入专项保护资金，实施古树名木"一树一策"专项保护，3年来，全省共投入保护资金2.5亿元，其中地方投入7000万元，用于开展古树养护和抢救复壮。目前，据不完全统计，全国共20多个省(自治区、直辖市)已落实了专项资金。落实专项资金对有效保护古树起到了重要的基础性保障作用。

（5）养护管理日益成熟完善

各地积极建立并落实古树的养护责任制，着力推进古树的日常养护和复壮工作。江苏、湖北等部分省(自治区、直辖市)明确指定生长在机关、团体、部队、企业、事业单位或者公园、风景名胜区和坛庙寺院用地范围内的古树由所在单位管理养护；生长在铁路、公路、水库和河道用地管理范围内的古树分别由铁路、公路和水利部门管理养护；生长在城市道路、街巷绿地的古树由城建管理单位管理养护；生长在居住小区内或者城镇居民院内的古树由物业管理部门或者街道办事处指定专人管理养护；生长在农村集体所有土地上的古树由村经济合作社管护或者由乡镇人民政府指定专人管理养护。部分省(自治区、直辖市)林业主管部门还对辖区境内古树采取单位、集体或个人承包管理养护制度，签署保护责任书。湖北省对500年以上的古树安装避雷针和围栏，并请专人加以管理养护。安徽省黄山风景区管理委员会定期对古树的生长环境、分布规律等进行普查，对列入世界遗产名录的古树确定日常监护与技术管理责任人，实行分级挂牌管理，为迎客松配备专职护理员，连续32年实行全天候特级守护，每年邀请专家对古树名木进行"会诊"。

（6）制定出台了古树相关标准和技术规程

截至2022年年底，我国已经出台了1项国家标准和7项行业标准，其中，国家标准是2016年发布实施的《城市古树名木养护和复壮工程技术规范》，行业标准涉及古树代码与条码、古树普查、鉴定、生长与环境监测技术、管护、复壮和防雷等技术等方面。各地共出台了古树保护相关的地方标准17项，内容涉及古树日常养护、保护复壮、健康诊断、雷电防护、价值评价等方面。相关技术标准和规程的不断完善，使古树保护工作逐步走向标准化、科学化、规范化。各地积极采取筑墩加土、围栏保护、支撑拉索，以及施肥覆土、透气透水、病虫防治、树洞处理、安装避雷装置等保护措施，使古树得到了有效保护。

1.3.2 我国古树保护存在的问题

近年来，我国古树的保护工作取得了一定进展，但总体形势仍不容乐观，一些突出问题亟待解决。

(1) 法律法规不完善，法制保障不力

目前，国家、省、市等层面都有涉及古树保护的法律法规，但整体而言，相关的法律法规不够完善，使得古树保护法律保障不力。从国家层面来看，目前我国还没有制定出台专门的古树保护法律、法规，只有《森林法》《环境保护法》《城市绿化条例》中个别条款涉及古树保护内容，但内容不全面、不具体，可操作性不强。建设部2000年颁布的《城市古树名木保护管理办法》，是目前唯一针对古树保护的专项规章，但规章只局限于对城市规划区内和风景名胜区古树的保护和管理，并且对于城市古树的保护规定仍较为笼统、简单。国家层面目前没有一部专门保护古树的法律法规，导致古树的保护责任主体不明晰、经费投入无保障、专业技术人员匮乏、养护技术手段落后等诸多问题。

从地方层面来看，截至2022年年底，有17个省（自治区、直辖市）已经制定出台古树保护的地方性法律法规，仍有近一半的省（自治区、直辖市）尚未出台有关法规、规章。正是由于保护古树的法规不健全，使得古树保护责任主体不明确、专项经费难落实、处罚无依据。一些不法分子趁机滥挖、盗卖、非法移植古树，导致古树破坏严重，盗伐、滥伐案件时有发生。由于有关法律法规不完善，使得各地在依法保护与打击破坏古树的行为中难以做到有法可依，往往只能依靠地方性法规与规章，其结果往往是执行力度不够，难以起到应有的威慑和保护作用。

(2) 部分古树没有纳入保护范畴、管护措施不科学

具体表现：①部分古树还没有认定、建档、挂牌，根本没有纳入保护范畴。②大部分古树，尤其是处于乡村、偏远地区的古树没有采取围栏、修补、复壮、安装避雷针、防治病虫害等任何保护措施，基本上处于自生自灭的状态。③管护技术措施存在不科学、不到位的问题。古树的养护管理是一个涉及生物学特性、植物生理、土壤、环境气候、微生物学、病虫害防治等多方面的综合问题，不同的树种、不同的立地条件、不同的生长状况、不同的地区采取的方式应有所不同。由于养护技术规范体系不完善，以及许多地方缺少懂技术的专业技术人员，使得目前的管护技术存在不科学、不到位的问题。

(3) 人为破坏和买卖古树现象时有发生

一些地方不能正确处理经济建设与保护古树的关系，在修路、架桥等工程建设中，遇到古树，不采取避让保护措施，随意移植或砍伐，使得部分古树和珍贵树木被损毁。近年来，一些单位或个人违规买卖古树、盗卖古树的新闻偶见于报端。受利益驱使，使有些地方挖掘山上的紫薇、罗汉松、桂花、樟树等古树，许多花卉、苗木基地变成了古树交易的集散地。随着"生态城市""园林城市"等理念的兴起，一些地方在城镇建设中存在急功近利思想，"大树、古树进城"现象时有发生，造成古树非法买卖、移栽，甚至导致古树死亡，使古树失去了原有的历史、文化、科学等价值，破坏了古树原有的生态环境。一些群众还未养成爱惜古树的习惯，在大树上乱刻乱划、拴绳挂物、剥皮取材、乱搭建筑物或堆放物品现象比较普遍，威胁古树的生长环境。

(4) 古树保护的资金投入机制有待完善

古树保护事业是一项公益事业，具有典型的外部性，需要充分发挥政府的作用。同时，也应当充分发挥社会公众、团体等的力量，形成保护古树的合力。但目前针对古树保护的资金投入机制相对单一，仍面临中央财政转移支付资金不足，各级专项资金补偿机制尚未建立，缺乏激励社会资本投入的有效政策和措施，社会资本进入意愿不强等问题。目前，除北京、上海、浙江、安徽等少数省(自治区、直辖市)设立了古树保护专项资金或基金外，大部分省份都未设置古树名木保护专项经费。同省级层面情况类似，市、县级层面因自有财力不足，对古树的管理保护大多存在"等、靠、要"思想，缺少探索多元投资机制的动力。

(5) 科技支撑不足，专业人才匮乏

有关古树保护的科学研究滞后，相关技术规范和标准不完善。目前，我国缺少古树保护的专业研究机构，只有零星研究团队的研究领域涉及古树的养护、复壮等。古树保护相关的重大研究项目较少，可供养护管理使用的成熟技术措施很少。国外古树保护经验的引进、吸收、消化工作薄弱。关于古树保护的国家标准、行业标准和地方标准较少，缺乏统一或公认的古树价值评估等标准。古树的年龄测定是一个国际性的难题，目前大多只能根据历史记载、老人记忆或树木正常生产量来判别，还没有一个快速准确的科学方法。各地古树保护专业人才极其匮乏，很多地方没有专门人员负责此项工作。负责古树日常养护的责任人缺少必要的专业技术知识。由于科技支撑乏力，标准及技术规程不完备，专业人才队伍建设落后，使得许多地方古树保护工作还停留于简单的普查、登记、建档等基础工作上，科学研究有待提高。

思考题

1. 古树有哪些重要价值？
2. 古树保护的重要性和必要性有哪些？
3. 试述古树保护的基础理论及内涵。
4. 简述我国古树保护的管理体制。
5. 结合实例论述当前我国古树保护中存在的问题。

推荐阅读书目

树梢上的中国．梁衡．外文出版社，2018.
中国最美古树．《国土绿化》杂志．中国画报出版社，2021.
环境与自然资源经济学．汤姆·蒂坦伯格，琳恩·刘易斯．中国人民大学出版社，2021.

第 2 章 我国古树保护法律法规历史沿革

本章提要

我国历来重视树木保护,从先秦以来相继制定了相关的法律法规对树木进行保护。新中国成立以来,我国森林资源的法律体系不断健全,形成了以《森林法》《野生植物保护条例》为核心,有关法律、法规和规章为补充的森林资源保护法律法规体系。古树保护的法律制度有待完善,目前我国尚未制定国家层面关于古树保护的专门性法规,相关法规条文散见于各个时期的律例和国务院及各部委规范性文件之中。未来应当从建立健全古树保护的法律法规体系、构建古树保护的制度体系、完善古树保护的科技和标准体系等方面进行完善。

2.1 我国古代、近代关于树木保护的法律法规

2.1.1 古代关于树木保护的法律法规

古树是一种独特的森林资源,我国自古以来就有爱护树木的优良传统,大量树木通过法律法规和乡规民约保存下来,形成了今天比较丰富的古树资源。

2.1.1.1 先秦时期

先秦时期,林木茂盛、人口稀少,人类活动对森林影响甚微。但随着人类对自然认识的增加,改造自然能力的增强,开始采伐林木,培育动植物,发展原始的农业和畜牧业,尤其是火的发现和使用,对森林造成越来越大的影响。我国自古很注重防范森林火灾,在有效森林用火的同时制定相关用火的规范,避免大面积焚林,保护林木。先秦时期还制定了规范狩猎时间和地点的法规,都属于间接保护森林资源的措施。这一时期形成的"四时教令"的思想,对后代林木保护政策的制定产生了深远的影响。其主要目的是规范林木利用,间接起着保护森林资源的作用。周文王曾颁布《伐崇令》,"乃伐崇,令毋杀人,毋坏室,毋填井,毋伐树木,毋动六畜,有不如令者死无赦。"主要意思是说,在战争中不准随

意毁坏树木，不准随意宰杀牲畜，如果出现违反此命令的行为，立即处死。这是中国历史上较早的林木保护法令，在林政法律法规史上具有重要意义。从现存史料记载来看，先秦时期还没有严格意义上属于林木保护的政策。

2.1.1.2 秦汉时期

中央集权加强，郡县制广泛推行，较夏商周时期的政治体制有了全面的变革。秦汉时期，皇朝统治者通过制定法律和颁布诏令，从国家大政方针的层面，保护农林资源，鼓励农林生产。

秦始皇登泰山封禅的途中，即下诏"无伐草木"，禁止任何形式的林木采伐，以此保护泰山的林木。湖北省云梦县睡虎地秦墓中出土的《睡虎地秦简》中的《秦律十八种·田律》，是我国较早涉及森林保护的法令。《秦律十八种·田律》规定："春二月，毋敢伐材木山林及雍堤水。不夏月，毋敢夜草为灰……唯不幸死而伐棺享者，是不月时。"其主体内容，规定了各个季节的种种禁令，也就是"时禁"。在春天二月，不准砍伐材木山林及筑堤堵塞水道。不到夏季，不准燔烧野草为灰烬。只有不幸死亡需要伐木制造棺椁的，不受时节限制。这些政策的出台表明秦代已明显比先秦的规定更加具体、详细、规范。

汉承秦制，关于农林资源及动植物保护的内容和思想有一定的承袭，且更加细化，这是很大的进步之处。

涉林诏书敕令主要集中于两汉时期，其中以实行黄老之政、休养生息的西汉初年最为典型。以皇帝诏书形式颁布法令，要求保护树木，诏令范围包括边塞军事基层组织，并要求基层官吏严格检查，将结果随时上报，可见当时的统治者对林木保护的重视。

汉代制定了严格的毁林处罚法规，汉律《贼律》载："贼伐树木禾稼……准盗论"，规定随意砍伐树木的属于偷盗行为，以偷盗罪处罚，对肆意"侵夺山林致泽者，罪之不赦。"对皇家陵园种植的树木的保护更严格，如果有盗伐皇家陵园树木的不仅以偷盗罪处罚，甚至处于死刑。据《太平御览》引《三辅旧事》载，汉诸陵皆属太常，有人盗柏者弃市。对于偷伐陵园柏木者以死刑论处，还陈尸街头以儆效尤，就连失职的官吏也连带受到免职处罚。

秦汉时期关于保护林木的法令，明确以法律形式进行的强制性规定并推行，属于中国古代较早的林业法制范畴，略显粗疏、原始，多是就具体问题展开，缺乏系统性，但其对于林木保护以及农林生产的发展，还是在一定程度上起到了推动作用，对后世林业法令也产生了积极影响。

2.1.1.3 魏晋南北朝时期

这一时期战争频仍，政权更替，森林毁损严重，林木资源减少。魏明帝时制定《魏律》一百八十篇，史称曹魏"新律"。其中，《治民》十八篇中就有"贼伐树木"的刑律。而西晋武帝司马炎在泰始三年(267年)完成并于次年颁布实施的《晋律》又称《泰始律》，其中有禁止破坏陵园草木的内容。

东晋制定了林木保护、严禁私占山林、不得随意砍伐和毁坏森林的法令。东晋成帝咸康二年(336年)壬辰诏："擅占山泽，强盗律论，赃一丈以上，皆弃市"，这一诏令后来被称为"壬辰之制"，执行了一百余年。但是在那个战乱的时代，许多禁律事实上只是一纸空文。

南朝时期各地森林多有破坏，不仅中央朝廷重视森林保护，一些地方也设立乡规民约，体现了人们自发性朴素的森林保护意识。

北朝时期统治者也多次下达关于保护林木的诏令和处理毁林事件。北魏曾要求在汉魏晋诸皇帝的陵园，百步之内禁止樵苏。虽然直接目的是保护前朝帝王陵墓，但实际上却严格保护了皇陵地区的森林资源。

另外，这一时期多种文化交替主导，形成了儒、释、道并存的多元思想格局，佛教在这一时期传入中国并不断发展、壮大，大量的寺院、庙宇、佛院建成。这一时期各类寺院无不是茂林环绕、清静幽深，所以寺院历来被称为"静修之地"，寺院的林木被称为禅林，世俗人等不得擅自入内。因此，我国现存的几百年甚至上千年的古树名木大都现存于一些著名寺庙中。

总的来说，魏晋南北朝时期的政令和民约虽然没能改变当时森林资源总体破坏、减少的趋势，但在森林免遭乱伐、增加森林面积以及林木保护方面还是起到了一定作用。

2.1.1.4　隋唐时期

国力日渐强盛，生产力水平提高，政治体制较前代也有了较大变化，唐代统治者已经具有资源永续利用、森林保护的思想，在制定的多项律例、法规中多提出了林木保护的条款。

《唐律疏议·贼盗》中有四条涉林处罚规定：一是"诸盗园陵内草木者，徒二年半。若盗他人墓茔内树者，杖一百。"二是"诸山野之物（草木药石之类），已加功力、刈伐、积聚，而辄取者，各以盗论。"三是"诸于山陵，兆域内失火者，徒二年，延烧林木者，流二千里。"对焚林的处罚也进行了明确规定。四是"诸失火及非时烧田野者笞五十。"在古代科技落后的状态下，火灾造成的森林毁损远远超过人力盗伐，所以在处罚上明显重于盗伐的量刑。对于不按时禁规定烧荒的，也要受到处罚。《唐六典》中也明确规定了打猎、樵采的"时禁"法规，要求官府和百姓都按照季节规律利用森林，当时生态思想已得到全面推广，百姓也能够遵守相关规定，这都有利于林木的保护。

唐太宗贞观四年（630年）诏令："禁刍牧于古明君、贤臣、烈士之墓。"还规定，"凡郭祠神坛，五岳名山，樵采、合牧皆有禁，遗三十步外得耕种。春夏不伐木。京兆、河南府三百里内，正月、五月、七月禁弋猎。"此诏令将特殊墓地列入保护范围，同时强调了包括时禁在内的相关禁令。

通过以上多个林木保护律例、法规及诏令可以看出，当时政府对于林业的认识进一步提升，有关林木保护的政策体系进一步完善，内容更为具体细致。

2.1.1.5　宋元时期

宋代以法律完备而著称于中国封建社会，其中保护森林的法令和诏令较多，主要体现在国家法典中有关林业的条文、编敕、诏令等。辽、金、元朝入主中原后，也推行了一些推进农林生产、保护林木资源的政策。

①禁止滥砍滥伐林木的规定　宋太祖建隆三年（962年），发布禁伐桑枣的诏令。宋代制定了严厉惩罚砍伐桑枣林木的法令。宋史载："民伐桑枣为薪者罪之。剥桑三功以上，

为官者死，从者流三千里；不满三功者减死配役，从者徒三年。"军人砍伐桑枣者则依军法论处。宋代后期的法律又规定"诸因仇嫌毁伐人桑柘者，杖一百；积满五尺，徒一年；一功徒一年半。每功加一等，流罪配邻州。虽毁伐而不致枯死者，减三等"，可见这一法律规定杖刑加重，比前朝的法律更加细化，减去了死刑的规定，即宋初的量刑重于宋代后期。

②对于陵园林木的保护　宋太祖乾德四年(966年)，宋代颁布《前代帝王置守陵户祭享禁樵采诏》，规定周桓王等三十八帝的陵墓"常禁樵采。"对于"名臣、贤士、义夫、节妇"墓地的树木严禁砍伐。《宋刑统·发冢》对禁止滥砍滥伐林木的规定："诸盗陵园内草木者，徒二年半。若盗他人墓茔内树者，杖一百。"大中祥符四年(1011年)下诏规定，历代帝王的陵寝严禁樵采，如果有违法樵采者，当地官司及樵采者都要依法论罪。于本朝的墓地林木，除禁止采伐先帝陵寝的林木外，其他墓田内的林木不得采伐及典卖。南宋仍沿用北宋的法令。

③其他　宋代林木保护的政策法规还有保护河堤林、边境林以及森林防火等的诏令。

辽、金、元统治者发迹于草原、大漠，入主中原后，辽代对森林的态度与宋代相似。金、元两代都发布有保护园圃林木的诏令，金代仿效中原古代帝王祭祀山川的礼仪，多次把具有历史意义的长白山、大房山等山林敕封为山神、林神，严禁樵采。元代实行山林封禁制度，并拨给蒙古贵族围猎山场，禁止人们在禁山樵采渔猎。

2.1.1.6　明至清中期

在历代皇帝的诏谕中，诸法合一，单一的林业法制是不存在的。这一时期的法律制度集历代之大成，可谓封建法制的完备形态，各项林业政策已和当代比较接近。封建社会的快速发展导致了森林资源空前的消耗，明清两代被迫制定了更加严格的林木保护政策。

对陵园林木的保护。《明律》"凡盗园陵内树木者，皆杖一百，徒三年。若盗他人坟茔内树木者，杖八十……若计赃，重于本罪者，各加盗罪一等。"明太祖在位期间，多次派遣官员寻访前朝帝王陵寝，设置守陵户保护其陵园植被，按时祭祀，陵墓保护政策在太祖朝已经执行，还派遣了专门人员负责守护。明仁宗即位初期就诏告天下，要求管理好帝王陵墓，洪熙元年(1425年)诏令"帝王陵寝、先圣先贤忠臣义士旗纛城隍祠庙，常须洁净，遇有损坏随即修理，仍禁约樵采牧放"，保护前朝帝王将相的陵园祠庙及其植被，已成为政府一项日常事务。明代皇帝非常重视保护皇陵林木，史料记载有多个保护明成祖陵墓所在地天寿山林木的诏令。连续的保护皇陵树木诏令的发布，可见当时林木砍伐非常严重，甚至危害到皇陵所在山地。清代为了保护园陵(陵寝)树木，规定："凡盗园陵内树木者，不分首从，杖一百，徒三年。若盗他人坟茔内树木者，杖八十，从减一等。若计赃重于本罪者，各加盗罪一等。"可见，清代宗室园陵，亦重禁之地，树木作为护荫之物，较诸官物为重。正是这些保护园陵树木的诏令，使明清皇陵得以保存成片的森林，也才有了今日可见的古树名木。

为了保障国家边境的安全，禁伐边防林。明神宗万历三年(1575年)下达关于严惩盗伐边防林的诏令："题准山西宁武、雁门一带山场原居流民，编立保甲，分立界线，责成看守界内林木，自盗者照例问罪，从人盗而不举者，一体连坐。"政府同意民间组建护林组织，负责保护相应范围内的林木资源，如果护林组织自己砍伐保护区内树木，同样要受到官府惩处。清代为了防御外来侵略，维护国家安全，保护人民的生命财产，对边境山林严加保护。据《大清律》记载："近边分府武职，并府、州、县官员，禁约该管军民人等，不许擅自入山，将应禁林砍伐贩卖，若砍伐以得者，问发云南贵州两广，烟瘴稍轻地方充军。未得者，杖一百，徒三年。若前项官员有犯，俱革职，计赃重者，俱照监守自盗律治罪。其经过关隘河道守把军官，容情纵放者，依知罪人不捕律治罪，分守武职，并府、州、县。官交部分别参处。"这些诏令、法规有效地保护了边境山林。

实行封禁以保护森林。清代，随着政局稳定，逐渐出现百姓从人口密集的关内大量向关外东北人口稀少地区流动的现象，开垦了东北大量林地，为保证东北地区是满族发源地的风水，统治者开始控制人口随意流动，并制定了森林保护的法规。康熙十六年（1677年），以长白山是满族发祥地的理由颁布诏令："长白山发祥重地，奇迹甚多，山灵宜加封号，永著祀典，以昭国家茂膺神贶之意。"清代统治者认为长白山是上天赏赐给满人的厚礼，把长白山周围的千里林海、参山、珠河划为禁区，自此清政府在东北地区开始"四禁"政策。这些林业法规，在客观上起到了保护山林的作用，不仅保护了东北地区的森林，也保存了我国西南地区大面积森林，留存有大量古树。

除上述成文林业法规外，明清时期各地还有民间自发议定的森林保护、封山育林协约，由于具有广泛的社会基础，在社会实践中，常与政府所颁布的成文法并行不悖，相互补充，成为林业法制中的一种补充形式。

地方上的山林保护，主要依靠乡规民约，这一时期护林碑大量出现，分布十分广泛，其中山区多于平原。护林碑虽然在明清以前就已产生，但大量出现却是在明清时期，尤其以清代为多，多见于长江流域及以南地区，成为家族、村落、寺院和官府保护林木的惯用法和基本形式。已发现的清代森林封禁碑有20多块，其中属清乾隆年间（1736—1795年）的禁碑最多。根据护林碑竖立者的身份，可将护林碑分为官方型、民间型和混合型三种基本类型。官方型护林碑是由政府组织建立的护林碑，是国家法规的延伸。民间型护林碑是由民间个人或集体（包括寺院）为保护私有林和村有林而建立的护林碑，是民间自发形成的自我约束，属乡规民约性质。混合型护林碑，即由两方或几方独立组织和力量自愿合作竖立的护林碑。

2.1.2 近代关于树木保护的法律法规

19世纪中叶以后，清政府日益腐朽衰败，中国进入了近代时期。20世纪初，森林的价值逐渐被世人重视，开启了林业法制的新篇章。民国政府以及中国共产党领导的革命根据地和解放区政权都有关于林木保护的政策法规。

森林法是林业的基本大法，是国家林业政策的集中体现，是制定其他林业法规的重要依据。民国三年（1914）10月3日，北洋政府公布了中国第一部《森林法》。该法共分总纲、保安林、奖励、监督、罚则、附则6章、32条。其中的"保安林"规定"非经准许，不得樵采，并禁止带引火物入林""对盗窃、烧毁和损害森林者视不同情况给予相应处罚"。北洋政府制定的这部《森林法》虽然条文简单，内容也存在极大的完善空间，但首创意义不容低估，是中国林业法规的发轫之作。此后，国民政府又于1932年、1945年对该法进行了两次修订，各项处罚措施较前稍重。

除上述中央制定的法律法规外，一些省份也根据当地情况制定了林业法规，如《云南省森林章程》《山西省保护森林简章》等。国民政府虽然继承并发展了北洋政府的林业政策法规,但由于社会动荡、政治腐败等因素,大多流于形式。

中国共产党领导的革命根据地和解放区政权一向相当重视保护森林和造林事业。1939年9月,晋察冀边区行政委员会公布了《保护公私林木办法》,主要内容包括划定禁伐区域、封禁期限、处罚、举报奖励等。1940年4月,陕甘宁边区政府公布《陕甘宁边区森林保护办法》,翌年1月,将此文件修正后再次公布,详细规定了保护边区树木和植树造林的相关事项。1941年10月,晋冀鲁豫边区政府公布《林木保护办法》,规定边区军民都有保护林木的义务,并对公有林、村林、禁山的林木砍伐严格管理。1946年3月,晋察冀边区行政委员会公布《森林保护条例》;该条例在1939年9月的《保护公私林木办法》基础上修订而成,内容比较完善,新增了关于林权划分的内容。1948年3月,晋冀鲁豫边区政府公布了《树木保护培植办法》,规定了对不同所有权和类型的林地的管理措施,严格管理采伐行为。1949年4月,晋西北行政公署发布《保护与发展林木林业暂行条例(草案)》。该条例共6章(分别是总则、林权与管理、保护、砍伐办法、奖励与罚则、附则)26条。同年4月,热河省人民政府公布了《热河省造林护林暂行办法》。1949年,东北行政委员会公布了《东北解放区森林保护暂行条例》《东北解放区森林管理暂行条例》《东北国有林暂行伐木条例》。这三个条例内容比较完善,贯彻落实后,东北解放区的林区管理工作逐渐步入正轨。东北其他地方政府也制定了一些详细的森林保护和管理条例。

革命根据地和解放区政府所制定的林木保护政策法规有效地保护了森林资源和林业发展,并为新中国成立后的林业建设积累了经验。

2.2 新中国森林资源法律法规概况

2.2.1 森林资源保护概述

森林是一个由相互作用、相互依赖的生物、物理和化学成分组成的复杂的生态系统。林木、林地及其所在空间内的一切森林植物、动物、微生物,以及这些生命体赖以生存的自然环境均属于森林资源。按物质结构层次,森林资源可分为林地资源、林木资源、林区野生动物资源、林区野生植物资源、林区微生物资源和森林环境资源六类。

对于人与森林的关系,全世界各民族持共同观点,即森林是人类进化的摇篮,是我们古老祖先的栖息地和现代人类重要的生活环境。习近平总书记指出,"绿水青山就是金山银山",这一论断深刻揭示了资源环境保护与人类社会发展之间的辩证统一关系,生动阐释了"人与自然生命共同体"的生态文明思想,也为新时代森林资源保护工作指明了前进方向。

新中国成立以来,我国高度重视森林资源保护工作。1949年,中国人民政治协商会议做出了"保护森林,并有计划地发展林业"的规定。1950年,党和政府提出了"普遍护林,重点造林,合理采伐和合理利用"的建设总方针。1964年,为进一步完善这一方针,提出要"以营林为基础,采育结合,造管并举,综合利用,多种经营"。林业建设总方针的提出与完善,对保护发展、开发利用森林资源发挥了重要的指导作用。1963年国务院批准发布《森林保护条例》,成为《森林法》的雏形。1979年制定了《中华人民共和国森林法(试行)》，从林业建设的基本任务、森林管理、森林保护、采伐利用、奖励与惩罚等方面来对我国森林资源的保护加以规范、制约。

党的十一届三中全会以后，伴随党和国家工作重点转移，林业有了新的发展。党和政府就森林保护问题，相继出台了一些政策，如中共中央、国务院《关于保护森林发展林业若干问题的决定》(1981)、《国务院关于坚决制止乱砍滥伐森林的紧急通知》(1980)和中共中央、国务院《关于制止乱砍滥伐森林的紧急指示》(1982)等。以《中华人民共和国森林法》(1984)(以下简称《森林法》)为基础，先后颁布了《中华人民共和国森林法实施细则》(1986)、《封山育林管理暂行办法》(1988)、《制定年森林采伐限额暂行规定》(1985)、《中华人民共和国野生动物保护法》(1989)等法律法规。《森林法》及其实施细则的出台，标志着我国林业法制建设跨上了一个新的台阶。

1998年我国三江流域发生了特大洪灾，引发了党和政府对林业发展战略的深入思考。国务院下发了《关于保护森林资源制止毁林开荒和乱占林地的通知》，强调："必须正确处理好森林资源保护和开发利用的关系，正确处理好近期效益和远期效益的关系，绝不能以破坏森林资源，牺牲生态环境为代价换取短期的经济增长。"此后，党和政府把生物多样性资源保护、森林资源保护、植树造林等放到突出位置。1999年3月5日，朱镕基总理在九届全国人大二次会议作的政府工作报告中指出："坚决实行最严格的土地管理制度和保护森林、草原的措施。停止长江、黄河上中游天然林采伐，东北、内蒙古和其他天然林区要限量采伐或者停止采伐。"2009年6月召开的中央林业工作会议，标志着林业建设进入了以生态建设为主的新阶段。2010年6月9日，国务院审议通过了《全国林地保护利用规划纲要（2010—2020年）》，这是我国第一个中长期林地保护利用规划。该规划纲要确立了"生态建设、生态安全、生态文明"的"三生态"战略，制定了"严格保护，积极发展，科学经营，持续利用"的发展方针，提出了适应新形势要求的林地分级、分等保护利用管理新思路，具有里程碑意义。

进入新时代，以习近平生态文明思想为引领，森林资源保护工作呈现出"保护修复一体化"和"深度参与全球生态治理"的新态势。2019年7月23日，中共中央办公厅、国务院办公厅印发《天然林保护修复制度方案》，确立完善天然林管护制度，建立天然林用途管制制度，健全天然林修复制度，落实天然林保护修复监管制度。2019年新修订的《森林法》颁布，本次修订强化了森林权属保护，将森林分类经营上升为法律规划，明确了县级以上人民政府应当将森林资源保护和林业发展纳入国民经济和社会发展规划，将党中央关于天然林全面保护的决策转化为法律制度，对林木采伐管理制度进行改革，新增"监督检查"一章强化目标责任和监督检查。2020年4月27日，中央全面深化改革委员会第十三次会议审议通过了《全国重要生态系统保护和修复重大工程总体规划(2021—2035年)》，自然保护地建设受到高度重视，设立自然保护地建设国家重大工程。2021年国务院办公厅印发《关于科学绿化的指导意见》，提出统筹山水林田湖草沙系统治理，走科学、生态、节俭的绿化发展之路，对新时期森林资源保护提出了更高要求。

通过认真履行国际公约，如《联合国防治荒漠化公约》《濒危野生动植物种国际贸易公约》和《国际森林文书》等，我国在维护全球生态安全方面赢得了一致赞誉。2017年在鄂尔多斯举办了"第十三次国际荒漠化防治履约大会"，为国际社会树立了防沙治沙样板。2021年10月11日《生物多样性公约》第十五次缔约方大会(COP15)第一阶段会议在昆明成功举办,大会发布"昆明宣言",开启全球生物多样性治理新进程。

从计划经济时期的以采伐为主,到改革开放时期的采植并重,再到新时代以生态保护为主,通过及时调整和不断创新,坚定不移实施持续的资源保护和绿色改革,中国森林资源创造了世界绿色奇迹,为持续创造经济奇迹提供了强大的可持续发展的生态基础。从20世纪90年代中期以后,改变了长期以来森林赤字的局面,在发展中国家中率先走向全面森林盈余。据国家林业和草原局统计,中国森林覆盖率从1990年的16.7%提至2020年的23.04%,提高6.34%,森林蓄积量超过175亿 m^3,实现了森林覆盖率和蓄积量连续30年的"双增长"。同时期,世界森林面积进入持续下降时期,由1990年的4128.2万 km^2 降至2016年的3995.8万 km^2,净减少132.5万 km^2。中国对世界森林面积增长的贡献率达41.8%,对遏制世界森林面积持续下降发挥了最大作用。

2.2.2 我国森林资源保护法律法规体系

自新中国成立以来,我国的法律体系不断健全,社会法治程度也不断提高,以《森林法》《野生植物保护条例》为核心,有关法律、法规和规章为补充的森林资源保护法律法规体系基本成型。在我国的森林资源保护、林业经营与管理、森林木材采伐、违法行为的相关惩罚制度等方面都做了具体的规定,相互之间协调统一、促进支持、门类齐全且功能完备,对我国森林资源的保护起到了巨大作用。

2.2.2.1 有关法律

我国现有涉及森林资源保护相关法律10部,包括:《森林法》《环境保护法》《防沙治沙法》《种子法》《农村土地承包法》《土地管理法》《农业法》《农业技术推广法》《农民专业合作社法》《农村土地承包经营纠纷调解仲裁法》。

《森林法》历经了1998年、2009年及2019年等数次修订,"生态优先、保护优先"理念日益突出。最新修订的森林法共计9章84条。第一章总则明确了保护森林资源"应当尊重自然、顺应自然,坚持生态优先、保护优先、保育结合、可持续发展的原则",建立"森林资源保护发展目标责任制和考核评价制度"和"森林生态效益补偿制度",提出"国家采取财政、税收、金融等方面的措施,支持森林资源保护发展"。第四章"森林保护"共14条,包含公益林补偿、重点林区转型发展、天然林保护、护林组织和护林员、森林防火、林业有害生物防治、林地用途管制、古树名木和珍贵树木保护、林业基础设施建设等方面,明确了政府、林业主管部门以及林业经营者各自承担的森林资源保护职责。第七章"监督检查"和第八章"法律责任"就森林资源保护监督检查责任主体、职责措施、法律责任进行了规定。

2.2.2.2 行政法规

主要包括《森林法实施条例》《森林采伐更新管理办法》《森林防火条例》《森林病虫害防治条例》《退耕还林条例》《野生植物保护条例》《野生动物保护条例》《濒危野生动植物进出口管理条例》《植物检疫条例》《国务院关于开展全民义务植树运动的实施办法》《自然保护区条例》《森林和野生动物类型自然保护区管理办法》《风景名胜区条例》《城市绿化条例》等。

2.2.2.3 部门规章

主要包括《森林公园管理办法》《国家级森林公园管理办法》《森林资源监督工作管理办法》《林木种质资源管理办法》《国家林业局关于授权森林公安机关代行行政处罚权的决定》《林木和林地权属登记管理办法》《违反森林法行政处罚暂行办法》《沿海国家特殊保护林带管理规定》《国家林业和草原局关于规范国家重点保护野生植物采集管理的通知》《突发林业有害生物事件处置办法》等，此外，还包括各个批次的重点保护野生植物名录、植物新品种保护名录。

2.3　我国古树保护法律法规概况

我国古树保护的法律制度并不健全，目前我国尚未制定国家层面关于古树保护的正式法规，全国性的专门立法仅有国家建设部 2000 年发布的《城市古树名木保护管理办法》这一部门规章，相关法规条文散见于各个时期的律例和国务院及各部委规范性文件之中。

新中国成立以后，我国自 20 世纪 50 年代针对部分地区开展小规模的古树资源调查。20 世纪 60 年代，我国已对古树制定相关的规定，1963 年，国务院下发的《城市绿化条例》第 25 条规定提出古树的标准。

改革开放以后，我国的古树保护事业开始得到发展，1982 年，国务院成立了中央绿化委员会，并于 1988 年改称全国绿化委员会，办公室设在原林业部，负责组织开展全国古树名木的普查、保护工作。1979 年 2 月 23 日，第五届全国人大常委会第六次会议原则通过《中华人民共和国森林法（试行）》规定，按照森林的不同用途，将风景林、名胜古迹和革命圣地的林木、自然保护区内的树木划为特种用途林。1984 年 9 月 20 日，第六届全国人大常委会第七次会议通过的经过修改后的《森林法》进一步规定："特种用途林严禁采伐。"这一法律的发布实施，使得古树名木的保护在一定范围内实现了有法可依。

1982 年 3 月 30 日，国家城市建设总局印发《关于加强城市和风景名胜区古树名木保护管理的意见》提出："古树一般指树龄在百年以上的大树；名木指树种稀有、名贵或具有历史价值和纪念意义的树木"，并定义了一级和二级古树名木的认定标准。文件提出"古树名木的保护管理工作要实行专业管理和发动群众管理相结合的办法"，并明确"生长在城市和风景名胜区内的古树名木由园林部门和风景名胜区管理机构负责维护管理。散生于各单位范围内的，由各单位负责维护管理，园林部门负责监督和技术指导。各单位要建立责任制，落实保护责任。"同时，文件还就城市和风景名胜区范围内的古树名木普查工作、保护措施、奖惩制度一级宣传教育等工作做出部署。1983 年上海市颁布了《古树名木保护管理规定》，这是全国首部省级层面制定的古树保护地方性法规，针对古树名木的普查、保护措施、禁止行为、养护复壮、移植、违法行为处罚等进行了原则性的规定。随后，青岛市于 1989 年出台了《青岛市古树名木保护管理办法》，部分城市相继出台了古树保护的相关规定。

1989 年 12 月 26 日，第七届全国人民代表大会常务委员会第十一次会议通过的《中华人民共和国环境保护法》中也对古树名木保护作出明确规定："各级人民政府对古树名木，应当采取措施加以保护，严禁破坏。"

1991年3月26日，建设部下发《关于加强古树名木保护和管理的通知》，进一步提出加强城市中和风景名胜区内古树名木的保护管理工作的五点要求。

1992年5月20日国务院第104次常务会议通过的《中华人民共和国城市绿化条例》（2011年1月8日《国务院关于废止和修改部分行政法规的决定》第一次修订、2017年3月1日《国务院关于修改和废止部分行政法规的决定》第二次修订）中第二十五条首次以法律条文的形式明确提出古树名木的含义和范围，即"百年以上树龄的树木，稀有、珍贵树木，具有历史价值或者重要纪念意义的树木，均属古树名木"。明确了"统一管理，分别养护"的城市古树名木管理原则，要求"建立古树名木档案和标识，规定保护范围，加强养护管理"，并清晰界定了相关责任主体，严格强调"严禁砍伐或者迁移古树名木"，对"砍伐、擅自迁移古树名木或者因管护不善致使古树名木受到损伤或者死亡的，要严肃查处，依法追究责任"。

1993年6月29日，我国首部针对乡村和集镇规划建设的行政法规《村庄和集镇规划建设管理条例》发布。该条例第三十四条明确规定"任何单位和个人都有义务保护村庄和集镇内的古树名木"，第四十一条规定"损坏村庄、集镇内的古树名木的，依照有关法律、法规的规定处理"。这一行政法规的发布，将古树名木保护工作从城市和风景名胜区扩大到了城镇和乡村，开始了古树名木全方位保护格局的构建。2010年11月4日颁发的《镇（乡）域规划导则（试行）》中，将"古树群及古树名木生长地"列为禁建区。2013年出台的《村庄整治规划编制办法》要求村庄整治规划图中应明确"古树名木的位置和四至"。这些都进一步从技术规范层面加强了对古树名木生长环境的保护。

20世纪90年代中后期以来，我国的城镇化和工业化快速发展，经济社会发展对古树保护事业的冲击越来越大，我国古树保护事业在冲击中不断前进。"大树进城"、非法移植买卖古树现象日益猖獗，古树保护的矛盾日益突出。1996年，全国绿化委员会印发了《关于加强保护古树名木工作的决定》（以下简称《决定》），北京、江西5省（直辖市）人大常委会或人民政府颁布了古树保护的相关条例或管理办法。部分省（自治区、直辖市）陆续开展了古树名木资源的普查、建档和挂牌保护等基础性工作。2000年，建设部发布了《城市古树名木保护管理办法》，加强对城市范围内古树的保护和管理。相关《决定》和管理办法虽有古树保护的有关规定，但整体而言，有关规定不全面、职责不明确、处罚不严、局限性较大，难以有效保护古树。

2001年5月31日发布的《国务院关于加强城市绿化建设的通知》中进一步强调"要严格保护重点公园、古典园林、风景名胜区和古树名木"。2001年9月26日，全国绿化委员会发布《关于开展古树名木普查建档工作的通知》，并随通知下发《全国古树名木普查建档技术规定》。该技术规定提出了新的古树名木分级和标准："古树分为国家一、二、三级，国家一级古树树龄500年以上，国家二级古树300~499年，国家三级古树100~299年。国家级名木不受年龄限制，不分级。"需要特别指出的是，"其他地区成片生长的大面积古树"被定义为"古树群"，首次纳入普查工作范围。规定中还就古树名木调查技术方案、建档工作质量管理、资料汇总等做出具体要求。

此后，国务院、有关部委及各级地方人大、政府及林业部门相继制定出台了更具操作性的古树名木保护条例，以及一系列相应的行政规章，切实加强对古树名木和珍稀树种的保护管理。

2003年4月7日发布的《国家林业局关于规范树木采挖管理有关问题的通知》就规范树木移植、制止乱采乱挖做出了及时有效的政策要求，其中明确提出"自然保护区、名胜古迹、革命纪念地，国家规定的重点防护林和古树名木，以及生态地位极端重要、生态环境极端脆弱的特殊保护区和重点保护区的树木，严禁采挖"。这一文件的颁发在一定程度上对一段时期以来各地在绿化美化工作中直接采挖多年生树木进行异地移植和经营的不良之风和短视行为起到了警示和遏制作用。2009年5月13日，全国绿化委员会和国家林业局联合发布《全国绿化委员会 国家林业局关于禁止大树古树移植进城的通知》，通知明确提出"坚决遏制大树进城之风。对古树名木、列入国家重点保护植物名录的树木、自然保护区或森林公园内的树木、天然林木、防护林、风景林、母树林，以及名胜古迹、革命纪念地、其他生态环境脆弱地区的树木等，禁止移植。对确因基本建设征占用林地或道路拓宽、旧城改造等特殊情况，需要移植树木的，需由建设单位提出申请，报林业等有审批权的部门审批后方可移植，并妥善保护管理"。

此外，住房和城乡建设部、国家林业局、环境保护部等部门在各自行政职能范围内，将古树名木保护纳入一系列规范性、指导性文件中，如《国家园林城市标准》《全国特色景观旅游名镇（村）示范导则》《中国人居环境奖评价指标体系（试行）》《国家林业局关于着力开展森林城市建设的指导意见》《住房和城乡建设部关于开展绿色村庄创建工作的指导意见》《住房和城乡建设部等15部门关于加强县城绿色低碳建设的意见》《国家生态文明建设示范村镇指标（试行）》等。

进入新时代以来，随着我国对生态文明和美丽中国建设的逐步重视，我国古树名木保护工作迎来了新发展阶段。

2013年，国家林业局下发了《关于切实加强和严格规范树木采挖移植管理的通知》，要求依法保护森林资源及自然生态环境，切实加强和严格规范树木采挖移植，城乡绿化不得采挖移植古树名木、原生地天然生长的珍贵树木和具有重要经济、科研、文化价值的濒危、稀有树木。将"严禁移植天然大树进城"写入了国家"十三五"发展规划。

2016年，全国绿化委员会发布了《关于进一步加强古树名木保护管理的意见》，系统提出了新时代我国古树名木保护的指导思想、基本原则和总体目标，明确了古树名木保护管理的主要任务，提出要组织开展资源普查，加强古树名木认定、登记、建档、公布和挂牌保护，建立健全管理制度，全面落实管护责任，加强日常养护，及时开展抢救复壮，并从完善法律法规体系、加大执法力度、加大资金投入、强化科技支撑和加强专业队伍建设等方面提出了加强古树保护的保障措施，是新时代古树名木保护工作的重要遵循。

2017年，全国绿化委员会印发的《全民义务植树尽责形式管理办法（试行）》明确了认养和保护古树可以折算全民义务植树任务。2019年新修订的《森林法》第四十条明确规定"国家保护古树名木和珍贵树木。禁止破坏古树名木和珍贵树木及其生存的自然环境"，为古树名木保护提供了法制保障。

2020年，国家林业和草原局启动了古树名木保护立法研究工作，在前期相关研究的基础上，推动国家层面古树名木保护法规的制定。2021年5月18日《国务院办公厅关于科学绿化的指导意见》发布，提出十项主要任务，将"严格保护修复古树名木及其自然生境，对古树名木实行挂牌保护，及时抢救复壮"列入"巩固提升绿化质量和成效"任务内容之中，彰显国家对古树名木保护的高度重视。

2.4 古树保护法律制度体系建设展望

随着各级政府和社会公众对古树保护重要性认识的提升，我国古树保护的法律制度建设取得了长足的进步，在生态文明新时代，应当从法律法规、制度体系、技术体系等方面全面构建古树保护的法律制度体系，为更好地保护古树这一重要的自然和文化资源提供强有力的保障。

2.4.1 建立健全古树保护的法律法规体系

建立健全古树保护的法律法规体系的关键在于建立以《刑法》《森林法》《环境保护法》等法律为保障，以《中华人民共和国古树保护条例》等专门性的古树保护行政法规为主体，以地方古树保护立法为补充的古树保护法律法规体系。

在国家层面的法律法规方面，2019年，我国新修订的《森林法》第四十条明确规定：国家保护古树名木和珍贵树木，禁止破坏古树名木和珍贵树木及其生存的自然环境。2020年3月，《最高人民法院、最高人民检察院关于适用〈中华人民共和国刑法〉第三百四十四条有关问题的批复》指出：古树名木属于刑法第三百四十四条规定的"珍贵树木或者国家重点保护的其他植物"，非法移栽珍贵树木，以非法采伐国家重点保护植物罪定罪处罚。2021年2月，《最高人民法院、最高人民检察院关于执行〈中华人民共和国刑法〉确定罪名的补充规定（七）》取消了《中华人民共和国刑法》第三百四十四条规定的非法采伐、毁坏国家重点保护植物罪和非法收购、运输、加工、出售国家重点保护植物、国家重点保护植物制品罪罪名，设立了危害国家重点保护植物罪。由于古树的保护价值、保护措施等与珍贵树木有明显的不同，建议在今后的《森林法》《刑法》修订中，将古树与珍贵树木的保护分开进行单独表述，在设立危害国家重点保护植物罪的基础上，新设立危害古树罪，对破坏古树的行为进行更加精准的打击。

同时，加快推进古树保护国家立法。随着《森林法》等法律法规的修订，国家层面的立法已经具备了良好的基础。加快推进古树保护国家立法，全面保护古树，是贯彻习近平生态文明思想的生动实践，是推进生态文明和美丽中国建设的应有之义，是贯彻落实《森林法》等法律的必然要求，是传承优秀历史文化的重要举措，是规范强化古树名木保护工作的迫切需要。目前，2019年新修订的《森林法》对古树保护进行了规定，为古树保护提供了法律依据，但原则性较强，亟待在国家层面制定古树保护的专门性法律法规。目前，制定国家层面古树保护专门性法律的上位法已经出台，各地也相继出台了古树保护的地方性法规和规章并有效实施，积累了较好的经验，为推进古树保护国家立法提供了良好的保障和借鉴。古树保护国家立法应以《森林法》《城市绿化条例》等法律法规为依据，深入贯彻习近平生态文明思想，科学确定古树保护的原则，管理体制，古树的认定、养护、管理和法律责任，严厉打击古树名木买卖、非法移植行为，切实保护好古树名木资源，为地方出台相关法规提供法律依据。

完善地方古树保护立法。加快古树保护地方立法，是解决当前古树保护突出问题，保障古树木保护事业健康发展的重要举措。①尚未出台古树保护法规的地区应当尽快纳入立法规划，早日进入立法议程。特别对于古树资源丰富，破坏行为较严重的地区，应由省级人大常委会制定专门的法规进行保护。②要加快地方性古树保护法规的修订工作。对于长期未修订、已经不适应当地古树保护实际的法规和规章进行修订和完善，提升当地古树保护法规的科学化水平和质量。③尽快出台相关的实施细则或者配套政策。针对古树普查、鉴定、认定、公布、管护、处罚等环节出台更加明确的实施细则，提高古树名木保护法规和规章的实用性和可操作性。加强古树价值评估、社会公众参与古树保护相关政策的研究和制定，完善古树名木保护制度。

2.4.2 构建古树保护制度体系

古树作为自然生态系统和人类社会留存下来的瑰宝，应建立最全面的保护制度，实行最严格的保护，切实保护古树的及其生长环境（王枫，2022）。

①建立古树资源普查制度　开展古树资源普查，掌握我国古树资源状况是古树保护的前提。我国在 2001 年和 2017 年先后开展了两次大规模的古树名木普查工作，基本掌握了我国古树资源总量、分布特征，为制定古树保护相关制度和政策提供了重要依据。要建立定期的古树普查制度，落实古树普查专项经费，每 10 年开展一次全面的古树普查，掌握古树的数量、树种、分布、生长状况等情况，完善古树的鉴定、认定、登记、建档、挂牌等基础工作。在普查的间歇期，鼓励各地开展古树资源调查，及时掌握当地古树资源的变化状况。

②建立古树保护管理制度　建立健全古树的保护管理制度是加强古树保护的重要基础，古树保护管理制度包括划定古树的保护范围、建设工程避让、移植管理、保护巡查检查等制度。要根据古树保护工作实际，科学划定古树及古树群的保护范围，在国土空间规划中划定古树保护控制地带。针对建设工程项目涉及古树的，应当在建设工程的设计、施工等环节主动避让古树；无法避让的，应当制定保护方案，经相关部门批准后实施。用最严格的制度保护古树，严禁移植古树，因特殊原因必须移植古树的，应当科学制定移植保护方案，并经相关部门批准后实施。针对传统经济林古树，生长在自然保护区、原始林中的古树，制定更有针对性的保护管理制度。针对古树的保护级别，科学制定古树保护的巡查检查制度，定期开展巡查检查。

③建立古树的养护制度　科学养护是保护古树的根本措施。我国古树资源丰富，由于保护措施不力、自然和人为破坏等原因，许多古树生长势衰弱甚至濒临死亡，亟须加强养护。建立古树的养护制度，加强日常养护和专业养护。按照古树的权属和生长位置确定日常养护的责任单位和个人，明确日常养护责任。科学划定古树的保护范围，设立护栏等古树保护标识标志，科学修复受损的树干，避免因保护措施不当造成对古树的破坏。针对重大自然灾害、病虫害、人为破坏造成的古树生长异常，由县级古树保护行政主管部门组织专业技术人员开展专业养护，及时消除危害。建立古树养护投入机制，将专业养护资金纳入政府财政预算，针对个人和单位开展日常养护进行补助。科学制定养护复壮技术标准，针对不同保护等级、不同生长势的古树采取针对性的养护措施。

④建立古树价值评估制度　古树具有丰富的价值内涵，同时，古树作为一种稀缺的自然和文化资源，具有生态产品和公共产品的属性，保护古树具有典型的"正外部性"。资源的稀缺性和保护古树所付出的人类劳动决定了自然资源和生态环境转化为生态资本，有偿使用和为古树资源付费是实现古树名木价值的有效途径。因此，应当建立古树的价值评估

制度，科学评价古树的综合价值，既提升公众对古树价值重要性的认知，强化全社会保护古树的意识，也为科学制定古树生态补偿制度、打击各类破坏古树的行为提供科学依据。要建立科学的价值评估体系，构建涵盖古树多种价值的评估指标体系，同时综合考虑树种的稀缺性、管理养护成本、地区经济差异等因素，形成科学合理的价值评估体系。要加强古树价值评估的应用，推动古树价值评估在实现古树所有者经营权益、制定古树保护生态补偿标准、破坏古树行为的处罚等领域的应用。

⑤建立古树生态保护补偿制度　这是保护古树的价值和古树所有者权益，促进古树保护事业健康发展的重要措施。按照国务院办公厅《关于健全生态保护补偿机制的意见》（国办发〔2016〕31号）要求，积极探索建立古树生态保护补偿制度。明确古树生态保护补偿的主体和客体，科学界定古树所有者和管护人的权利与义务，结合古树的价值、保护投入、因保护古树名木而损失的机会成本等因素，科学确定补偿标准。建立古树保护生态补偿专项资金，明确中央和地方政府在古树保护中的事权和支出责任，加大中央财政对古树保护重点区域的转移支付力度。

⑥建立古树保护的社会参与制度　古树保护是一项公益性社会事业，需要社会公众的广泛参与。在建立各级政府对本区域内古树保护负主体责任的同时，要建立社会参与制度，广泛吸纳公益组织、社会公众参与到古树保护事业当中。鼓励社会各界、个人通过募捐、认养等形式募集资金，资助古树保护事业，募捐、认养古树的，可以折抵义务植树任务。鼓励社会组织和个人对破坏古树的违法行为进行举报，古树保护部门应当建立举报的渠道，及时受理对破坏古树行为的举报。在古树保护政策制定以及涉及社会公众利益的政策时，通过信息公示，举办听证会、座谈会等形式，广泛吸纳公众意见，保障人民在社会治理中的知情权、参与权、表达权和监督权。

2.4.3　完善古树保护科技和标准体系

加强科学研究，推动古树保护科技创新。整合现有研究力量，组建专门的古树保护研究机构，逐步形成完善的古树保护研究力量。围绕古树抗衰老、抗病虫、抢救复壮、树龄测定等组织开展保护技术攻关，突破科技瓶颈，提高古树的保护成效。不断拓展古树保护的研究领域，建立古树生态监测指标体系和健康评价模型，推动古树保护价值的定量化研究，基于古树的价值评估研究古树的保护补偿机制，研究合理利用的措施及对古树的影响等，逐步构建符合我国古树保护事业的实际科学技术体系，更好地支撑古树保护事业健康发展。

建立以国家标准和行业标准为主体，地方标准和行业标准为补充的古树保护标准体系。在现有国家标准的基础上，推动古树资源普查技术规范、鉴定规范、养护复壮技术规范等行业标准上升为国家标准；积极研究制定古树生长环境监测、价值评估、日常管护和专业管护、抢救复壮等技术规范，以及主要古树树种的养护技术规范，不断充实古树保护的行业标准体系；积极推动各省（自治区、直辖市）根据辖区内古树名木资源状况及保护需要，因地制宜制定地方标准；鼓励古树保护相关全国性学会、协会等组织开展古树保护相关团体标准的制定。

思考题

1. 民国时期我国关于树木保护的法律法规有哪些?
2. 试述我国森林资源保护法律法规体系的主要内容。
3. 试述新时代以来我国古树保护的法律法规建设进展。
4. 古树保护的制度体系有哪些?

推荐阅读书目

中国森林思想史. 樊宝敏等. 中国林业出版社, 2019.
主要国家"森林法"比较研究. 李智勇, 斯特芬·曼, 叶兵. 中国林业出版社, 2009.
美丽中国视域下的森林法创新研究. 周训芳, 诸江, 李敏. 法律出版社, 2019.
森林法的产生与发展. 肖彦山. 中国政法大学出版社, 2015.
《中华人民共和国森林法》解读. 施春风. 中国法制出版社, 2020.

第3章 我国古树保护法律渊源

本章提要

古树保护的法律法规包括全国性的法律、行政法规、部门规章和地方性法规。本章介绍了法律法规的定义、分类和行政法规的主要内容,国家和地方层面关于古树保护的法律法规发展历程和主要内容。目前,国家层面缺少古树保护的专门立法,《中华人民共和国森林法》《中华人民共和国环境保护法》《城市绿化条例》等有涉及古树名木保护的规定,但有关条款比较宽泛,缺少具体规定。《城市古树名木保护管理办法》是针对城市规划区和风景名胜区古树保护管理的专门法规。《中华人民共和国刑法》及两高相关司法解释为古树提供了有力法律保护。古树保护的地方立法进程稳步推进,有17个省(自治区、直辖市)出台了相关的地方性法规。

3.1 法律法规概述

3.1.1 法律法规

法律,从广义上泛指国家机关制定或认可,并由国家强制力保证实施的行为规范的总称。从狭义上则专指国家立法机关制定的,在全国范围内具有普遍约束力的规范性文件。

我国法律法规最主要来自立法。所谓立法就是指特定的国家机关依照法定职权和法定程序制定、修改和废止法律和其他规范性法律文件的一种专门活动。从广义上理解,一切有权制定普遍性规则的机构所制定的具有普遍约束力的规则都是立法。这些有权制定普遍性规则的机构主要是指由国家立法机构依法授权制定相关法规的国家行政机关和地方立法机构。根据我国宪法,国家的立法机构是全国人民代表大会及其常务委员会。

根据《中华人民共和国立法法》,我国的立法形式包括:

①宪法 是我国的根本大法,具有最高的法律效力。在法律渊源体系中,宪法具有最高的法律地位和效力,是制定法律的依据。

②法律 由全国人民代表大会和全国人民代表大会常务委员会制定,规定和调整国家

和社会生活中某一方面带根本性社会关系的规范性文件，由国家主席签字同意后发布，是特定范畴内的基本法。

③行政法规　由国务院根据宪法和法律制定，行政法规做出规定的事项包括为执行法律的规定需要而制定行政法规的事项和宪法规定的国务院行政管理职权的事项。

④地方性法规、自治条例和单行条例　省、自治区、直辖市的人民代表大会及其常务委员会，省、自治区的人民政府所在地的市，经济特区所在地的市、经国务院批准的较大的市、设区的市人民代表大会及其常务委员会所制定的在其行政区范围内普遍适用的规则。地方性法规，对上位法已经明确规定的内容，一般不作重复性规定。

⑤行政规章　又可分为部门规章和地方规章。部门规章，是指国务院各部门根据法律、行政法规等在本部门权限范围内制定的规范性法律文件。地方规章是指省、自治区、直辖市人民政府所在地的市、经国务院批准的较大的市、经济特区所在地的市、设区的市、自治州人民政府根据法律、行政法规等制定的规范性法律文件。

⑥有权法律解释　是依法享有法律解释权的特定国家机关对有关法律文件进行具有法律效力的解释。主要有立法解释、司法解释和行政解释。

法律体系中，不同渊源法律形式的法律在规范效力方面具有等级差别，称为效力等级。法律效力等级首先取决于其制定机关在国家机关体系中的地位，一般来说上级机关的高于下级机关的。同一主体制定的法律规范中，按照特定的、更为严格的程序制定的法律规范，其效力等级高于按照普通程序制定的法律规范。同一主体按照相同的程序先后就同一领域的问题制定了两个以上的法律，则后制定的法律规范在效力上高于先前制定的。同一主体在某一领域既有一般性立法，又有不同于一般立法的特殊立法时，特殊优于一般。当某一国家机关授权下级机关制定属于自己立法职能范围内的法律法规时，该项法律法规在效力上等同于授权机关自己制定的法律法规，但仅授权制定实施细则者除外。

具体而言，法律的地位和效力次于《宪法》，但高于其他国家机关制定的规范性文件。行政法规的效力低于法律，高于地方性法规、规章。地方性法规只在本行政区域内有效，其效力高于本级和下级地方政府规章。部门规章之间、部门规章与地方政府规章之间具有同等效力，在各自的权限范围内施行。地方性法规、规章之间不一致时，由有关机关依照规定的权限作出裁决。

法律效力即法律约束力，法律规范的约束力所及的范围包括时间效力范围、空间效力范围和对人的效力范围。时间效力，指法律何时生效、何时终止效力以及法律对其生效以前的时间和行为有无溯及力；空间效力，指法律生效的地域（包括领海、领空），通常全国性法律适用于全国，地方性法规仅在本地区有效；对人的效力，指法律对什么人生效，如有的法律适用于全国公民，有的法律只适用于部分公民。

法律规范一般由假设、处理和制裁三个要素组成。假设是指适应该法律规范的必要条件，它把规范的作用与一定的事实状态联系起来，指出发生何种情况或具备何种条件时，法律规范中规定的行为模式便生效。处理是指法律规范中为主体规定的具体行为模式，即权利和义务。也就是说，当某种条件或场合出现时，行政关系主体应当做什么、允许做什么、禁止做什么。制裁则规定在某种条件或者场合出现时，行政法律关系主体违反"假设"的规定，应负的法律责任。

3.1.2 法律分类与部门法

法律的分类是指按照一定的标准和原则将法律分为若干不同的种类。法律分类所依据的标准是多元的，如根据法的创制方式和表达形式的不同，分为成文法和不成文法；根据法律规定内容的不同，分为实体法和程序法；根据法的适用范围的不同，分为一般法和特别法；根据范围不同，分为国际法和国内法等。法律的分类不仅有绝对性，也有相对性。在按照某一标准划分的类别之间，存在质的规定，不可互相置换，如实体法和程序法，根本法和普通法。但当法律从不同标准看待时，则可能有其他意义上的类别归属，如民法就同时兼有国内法、普通法、一般法、实体法和成文法五种性质。即使是按统一标准分出的不同的法律类别，也会因各自所处参照关系的不同，呈现出某种相对性。

部门法或称为法的部门，它是指一个国家根据一定的原则和标准划分一国现存全部法律规范的总称。部门法是一个法学概念，在现实的法律制度中并不存在与之相对应的法规或法典。部门法是法律体系的有机组成部分，也是法律分类的一种形式。所以，部门法是指调整对象和调整方法类似的一些法律的分类，单个法律只是部门法的组成部分。近年来，我国的立法速度加快，形成了中国特色社会主义法律体系，主要包括宪法及宪法相关法、民法商法、行政法、经济法、社会法、刑法、诉讼与非诉讼程序法七大法律部门。

3.1.3 行政法概述

行政是指国家行政机关等行政主体为积极实现公益目的，依法对国家事务和社会事务进行的组织、管理、决策、调控等活动。行政法是关于行政权力的授予、行使以及对行政权力进行监督的法律规范的总称。行政法是国家法律体系中的一个部门法，在国家法律体系中的地位仅次于宪法。

行政法的渊源是指行政法产生的依据和来源及其外部表现形式。在我国，行政法一般来源于成文法。《立法法》规定：宪法、法律、地方性法规、行政法规和行政规章、自治条例和单行条例构成了我国的法律体系，成为我国行政法的渊源。此外，有权法律解释、国际条约与协定也是行政法的渊源。我国行政法还有一些特殊的法律渊源，包括中共中央、国务院联合发布的法律文件、行政机关和有关组织联合发布的文件等。

行政法调整的对象是行政主体在行使行政职权过程中产生的社会关系，包括行政关系和监督行政关系。行政关系是指行政主体代表国家依法行使行政管理权限过程中与相对人、行政主体内部的组织或其工作人员之间发生的社会关系。监督行政关系是指国家立法机关、司法机关、上级行政机关、专门行政监督机关以及公民、法人和其他组织依法对行政主体的行政活动进行监督而发生的各种社会关系。

3.1.3.1 行政法律关系

行政法律关系，是指经过行政法规范调整的，因实施国家行政权而发生的行政主体与行政相对方之间、行政主体之间的权利与义务关系。具体包括：行政主体与行政相对人的直接管理关系、宏观调控关系、服务关系、合作关系、指导关系、行政赔偿关系、监督关系等。行政法律关系不同于行政关系。行政关系是行政法调整的对象，而行政法律关系是行政法调整的结果。行政法并不对所有行政关系做出规定或调整,只调整其主要部分。因此,行政法律关系范围比行政关系小,但内容层次较高。

行政法律关系包括主体、客体和内容三个构成要素。

(1)行政法律关系的主体

行政法律关系的主体,即行政法主体,又称行政法律关系的当事人,是行政法权利的享有者和行政法义务的承担者。行政法主体包括所有参与行政法律关系的国家机关和法律授权的组织、国家公务员、行政相对人,以及其他组织和个人。行政法律关系以行政主体为一方当事人,以相对方为另一方当事人。

行政主体是指在行政法律关系中享有行政权,能以自己的名义实施行政决定,并能独立承担实施行政决定所产生相应法律后果的一方主体。行政主体是行政法主体的一部分,行政主体必定是行政法主体,但行政法主体未必就是行政主体。需要明确的是,行政主体不等于行政机关,除行政机关外,法律、法规授权的组织也可以成为行政主体。此外,尽管行政活动是由公务员代表行政主体具体实施的,但公务员并不是行政主体。

行政相对人在行政法律关系中是不具有行政职责和行政职务身份的一方当事人,是行政主体具体行政行为所指向的一方当事人,是行政管理中被管理的一方当事人,在行政诉讼中处于原告地位。行政相对人在行政法上享有权利并承担相应的义务。行政相对人包括外部相对人和内部相对人。

行政法律关系主体具有恒定性。这是因为行政法律关系是在国家行政权作用过程中所发生的关系。国家行政权是由行政主体来行使的,行政主体代表国家对公共利益进行集合和分配。因此,行政法律关系总是代表公共利益的行政主体与享有个人利益的相对人之间的关系。行政法律关系还具有法定性,即行政法律关系的主体是由法律规范预先规定的,当事人没有选择的可能性。

(2)行政法律关系客体

行政法律关系客体,是指行政法律关系主体的权利和义务所指向的对象或标的,财物、行为和精神财富都可以成为一定法律关系的客体。行政法律关系客体是行政法律关系主体存在的基础,是行政法律关系的重要组成部分。

(3)行政法律关系的内容

行政法律关系的内容,是指行政法律关系主体所享有的权利和承担的义务。行政法律关系的内容有如下的特征:

①行政法律关系内容设定单方面性 这就是说,行政主体享有国家赋予的、以国家强制力为保障的行政权,其意思表示具有先定力,无须征得相对人的同意。当行政相对人不履行行政法义务时,行政主体可以运用行政权予以制裁或强制其履行,行政相对人则没有这种权利。

②行政法律关系内容的法定性 行政法律关系的权利和义务是由行政法律规范预先规定的,当事人没有自行约定的可能。

③行政主体权利的有限性与不可处分性 在行政法律关系中,主体的相当一部分都是国家机关,其拥有并行使的都是国家权力。这些权力是全体人民赋予的,是有限的,受到宪法及宪法原则、法律法规的限制。同时,国家权力完全不同于个人的私权利,不能由掌握这种权力的某个国家机关自身随意处分。

需要特别指出的是，行政法律关系并非一成不变的，而是处于不断发生、变更和消灭的运动过程。

3.1.3.2 行政法的基本原则

行政法作为一个独立的部门法是一个有机整体，体现着相同的原理或准则，即行政法的原则。行政法应当遵循的原则很多，大致上可以分为三类：①政治原则和宪法原则，它规定行政法的发展方向、道路和根本性质；②一般的行政法原则，即基本原则，位于政治原则和宪法原则之下，产生于行政法并指导所有行政法律规范；③行政法的特别原则，这类原则位于基本原则之下，产生于行政法并指导局部行政法规范。

行政法的基本原则是行政法治原则，它贯穿于行政法关系之中，具有其他原则不可替代的作用。行政法治原则对行政主体的要求可以概括为：依法行政。具体可分解为行政合法性原则、行政合理性原则和行政应急性原则。

(1) 行政合法性原则

行政合法性，是指行政主体行使行政权必须依据法律、符合法律，不得与法律相抵触。任何一个法治国家，行政合法性原则都是其法律制度的重要原则。合法不仅指合乎实体法，也指合乎程序法。

行政合法性原则的内容主要包括行政主体合法、行政权限合法、行政行为合法，以及行政程序合法。行政合法性原则还有一些具体的原则，如法律优位原则、法律保留原则等。

(2) 行政合理性原则

行政合理性原则，是指行政行为的内容要客观、适度，合乎理性（公平正义的法律理性）。行政合理性原则的出现和运用是行政法的一个重大发展。合理性原则的产生是基于行政自由裁量权的存在。自由裁量权是指在法律规定的条件下，行政机关根据其合理的判断决定作为或不作为，以及如何作为的权力。

行政合理性原则应该包括行政的目的和动机合理、行政行为的内容和范围合理、行政的行为和方式合理、行政的手段和措施合理。

合理性原则与合法性原则既有联系又有区别。合法性原则适用于行政法的所有领域，合理性原则只适用于自由裁量权领域。通常情况下，一个行政行为触犯了合法性原则，就不再追究其合理性原则；而一个自由裁量行为，即使没有违反合法性原则，也可能引起合理性问题。随着国家立法进程的推进，原先属于合理性原则的问题，可能被提升为合法性原则问题。行政合理性原则和合法性原则是统一的整体，不可偏废。

(3) 行政应急性原则

行政应急性原则，也称行政应变性原则，是指在某些特殊的紧急情况下，处于国家安全、社会秩序或公共利益的需要，行政机关可以采取没有法律依据的或与法律依据相抵触的措施。应急性原则是合法性原则的例外。应急性原则并不排斥任何法律的控制。

3.1.3.3 行政许可

《行政许可法》第二条规定，"本法所称行政许可，是指行政机关根据公民、法人或者其他组织的申请，经依法审查，准予其从事特定活动的行为"。行政许可作为一项重要的行政权力和管理方式，对维护公民人身财产安全和公共利益，加强经济宏观管理，保护并合理分配有限资源等，都有重要作用。

行政许可是依申请的行政行为，无申请即无许可。行政许可是管理型行为，主要体现在行政机关作出行政许可的单方面性。不具有行政管理特征的行为，即使冠以审批、登记的名称，也不属于行政许可。行政许可是外部行为，有关行政机关对其直接管辖的事业单位的人事、财务、外事等事项的审批，属于内部管理行为，不属于行政许可。行政许可是准予相对人从事特定活动的行为。实施行政许可的结果是，使行政相对人获得从事特定活动的权利或者资格。

《行政许可法》确立了行政许可必须遵守的六项原则，即：

①合法原则 设定和实施行政许可，都必须严格依照法定的权限、范围、条件和程序。

②公开、公平、公正的原则 有关行政许可的规定必须公布，未经公布的，不得作为实施行政许可的依据；行政许可的实施和结果，除涉及国家秘密、商业秘密或者个人隐私的外，应当公开；对符合法定条件、标准的申请人，要一视同仁，不得歧视。

③便民与效率原则 行政机关在实施行政许可的过程中，应当减少环节、降低成本、提高办事效率，提供优质服务。

④信赖保护原则 为了确保行政法律关系的稳定性、连续性，行政机关不得随意改变或撤销已经作出的行政行为，当因情势变更，为了公共利益而不得不改变或撤销行政行为时，由此给公民、法人或者其他组织造成财产损失的必须依法对相对人给予补偿。

⑤限制转让原则 指依法取得的行政许可，除法律、法规规定依照法定条件和程序可以转让的外，不得转让。

⑥监督原则 上级行政机关应当加强对下级行政机关实施行政许可的监督校改，及时纠正实施中的违法行为；同时，行政机关也要对公民、法人或者其他组织从事行政许可事项的活动实施有效监督，发现违法行为应当依法查处。

《行政许可法》第十二条规定了六类可以设定行政许可的事项，主要包括：从事特定活动需经许可的事项；赋予公民、法人或者其他组织特定权利并有数量限制的事项；资格资质方面的事项；通过检测、检验和检疫等方式对相关物品的审定事项；确定主体资格的登记；法律、行政法规规定可以设定行政许可的其他事项。

行政许可主要通过普通许可、特许、认可、核准和登记的方式进行许可。普通许可是指行政机关准许符合法定条件的公民、法人或者其他组织从事特定活动的行为；特许是指行政机关代表国家依法向相对人转让某种特定的权利的行为；认可是指行政机关对相对人是否具备某种资格、资质的认定；核准是指行政机关对某些事项是否达到特定标准、规范的判断、确定；登记是指行政机关确立行政相对人的特定主体资格的行为。

行政许可的程序包括申请与受理、审查、决定三部分。

3.1.3.4 行政处罚

为了确保行政法律规范的实施，维护行政管理秩序，对于公民、法人或者其他组织违反行政法律规范的行为，尚未构成犯罪的，行政机关必须给予一定的制裁，以示惩戒，防止再发。这种由行政机关作出的制裁行为即行政处罚。行政处罚是一种以惩戒违法为目的的具有制裁性的具体行政行为，而非犯罪行为，如果相对人的行为有可能构成了犯罪，就应当运用司法程序依法追究刑事责任。

行政处罚的主体是行政机关或法律、法规授权的其他行政主体。处罚的对象是作为相对方的公民、法人或其他组织。与行政处罚不同，行政处分是指国家行政机关按照行政隶属关系给予有违法失职行为的国家机关公务人员的一种惩戒措施。

《行政处罚法》第三条至第八条对行政处罚的基本原则做了如下规定：

①处罚法定原则，即实施处罚的主体必须是法定的主体，处罚的依据是法定的，处罚的程序必须合法。

②公开、公正原则。

③处罚与教育相结合原则。

④相对人权利保障原则。

⑤行政处罚不得代替民事责任、刑事责任原则。

行政处罚必须由享有法定权限的行政主体实施。依照法律规定，行政机关可以将处罚的实施权授权或委托给其他组织实施，但人身自由的处罚只能由法定机关实施。行政处罚的种类包括：警告、通报批评、罚款、没收违法所得、没收非法财物；责令停产停业、暂扣或者吊销许可证暂扣或者吊销执照、行政拘留；以及法律、行政法规规定的其他行政处罚。

行政处罚的管辖，即某一行政违法行为应当由哪一级、哪一个行政机关实施行政处罚，主要取决于行政机关内部分工。根据《行政处罚法》第二十条，行政处罚由违法行为发生地的县级以上地方人民政府具有行政处罚权的行政机关管辖，法律、行政法规另有规定的除外。根据第二十一条，对管辖发生争议的，报请共同的上一级行政机关指定管辖。

行政处罚的程序是指行政主体对违反行政法律规范的相对人进行处罚的步骤、顺序、方式和时限。为了兼顾行政处罚的公正与效率，《行政处罚法》第五章和第六章分别规定了行政处罚的决定程序与执行程序。

《行政处罚法》针对不同的行政处罚规定分别适用简易程序、一般程序与听证程序，但在规定这三种程序之前，《行政处罚法》规定了作出行政处罚决定的三个前提条件：①事实清楚；②事先告知当事人；③听取当事人陈述和申辩。

3.1.3.5 行政救济

从字面意思来看，"行政救济"并非由"行政"进行的"救济"，而是对"行政"进行的"救济"，可见，行政救济是以行政争议为对象的权利救济。行政救济是指在行政相对人认为行政主体的违法行使职权侵害或将要侵害自己的合法权益而向有权国家机关提出申请，有权国家机关通过制止或纠正该违法或不当的行政行为，排除侵害并填补因行政行为造成的损害或损失而对相对人的合法权益进行救济的行为。

行政救济的内容包括：行政复议、行政赔偿和行政监督检查。

(1) 行政复议

行政复议是指行政相对人认为行政主体违法或不当行使职权侵犯其合法权益，依法向行政复议机关提出复议请求，复议机关依法受理申请、经审查作出复议决定的一种行政救济制度。相对人可以通过行政复议进行权利救济，而行政复议机关可以通过行政复议达到监督行政的目的。有关行政复议的范围、申请、受理、决定及法律责任，可参见《行政复议法》相关章节。

(2) 行政赔偿

行政赔偿是指行政主体及其工作人员在行使职权的过程中侵犯相对人合法权益并造成损害时依法进行赔偿的制度，是国家对于因行政主体及其工作人员违法行使职权遭受损害的相对人进行经济赔偿的一种事后性救济手段，对于救济相对人合法权益具有重要意义。《国家赔偿法》第二章对行政赔偿范围、赔偿请求人和赔偿义务机关、赔偿程序等作出了明确的规定。

(3) 行政监督检查

行政监督检查是指中国共产党、国家机关、社会团体、企业、事业组织和公民，依据宪法、法律、法规、政策和国家有关行政管理的规范性文件，对国家行政机关行政行为的合法性与合理性，对国家公务员是否廉洁、奉公，遵纪守法的情况所进行的监督。行政监督的种类可以从不同的角度划分类别如下：

①以监督主体为标准，分为国家机关监督、社会群众监督、中国共产党监督。

②以监督对象为标准，分为对国家行政机关和法律法规授权组织的监督和对国家公务员的监督。

③以监督的形式为标准，分为批评和建议、行政监察、行政申诉和行政复议、行政诉讼、检举和控告等。

④以监督的法律效力为标准，分为直接发生法律效力的监督和间接发生法律效力的监督。

⑤以监督方向为标准，分为自上而下的监督、横向监督和下级行政机关对上级行政机关的监督。

⑥以行政程序为标准，分为事前程序的监督、事中程序的监督和事后程序的监督。

此外，行政监督还可以分为内部监督和外部监督。前者是指国家行政机关的内部自身监督，后者是指国家行政机关之外的所有监督主体对国家行政机关的监督。

3.2 古树保护相关法律

3.2.1 《中华人民共和国森林法》

目前，我国尚未制定国家层面的古树保护专门法规，2019年新修订的《中华人民共和国森林法》（以下简称《森林法》）成为古树名木保护工作的重要法律依据。《森林法》从森林权属、分类经营管理、森林资源保护、造林绿化、林木采伐、监督保障和法律责任七个方面建立了完整的森林资源保护管理制度。

《森林法》第二条规定"在中华人民共和国领域内从事森林、林木的保护、培育、利用和森林、林木、林地的经营管理活动，适用本法"。作为一类重要的森林资源，古树的保护管理工作可适用《森林法》相关规定。

关于古树的所有权归属，可按照《森林法》第十四条和第二十条进行界定。第十四条规定"森林资源属于国家所有，由法律规定属于集体所有的除外"。第二十条规定"国有企业事业单位、机关、团体、部队营造的林木，由营造单位管护并按照国家规定支配林木收益。农村居民在房前屋后、自留地、自留山种植的林木，归个人所有。城镇居民在自有房屋的庭院内种植的林木，归个人所有。集体或者个人承包国家所有和集体所有的宜林荒山荒地荒滩营造的林木，归承包的集体或者个人所有；合同另有约定的从其约定。其他组织或者个人营造的林木，依法由营造者所有并享有林木收益；合同另有约定的从其约定"。

关于古树的保护，《森林法》第四十条明确规定"国家保护古树名木和珍贵树木。禁止破坏古树名木和珍贵树木及其生存的自然环境"。此外，对于集中分布的古树群，《森林法》第三十一条规定："国家在不同自然地带的典型森林生态地区、珍贵动物和植物生长繁殖的林区、天然热带雨林区和具有特殊保护价值的其他天然林区，建立以国家公园为主体的自然保护地体系，加强保护管理。国家支持生态脆弱地区森林资源的保护修复。县级以上人民政府应当采取措施对具有特殊价值的野生植物资源予以保护。"

《森林法》第五十六条明确规定"采挖移植林木按照采伐林木管理。具体办法由国务院林业主管部门制定"。本款明确了城乡绿化工作中树木移植管理的办法，但古树名木的移植不能按照一般林木来管理。

依照《森林法》第六十六条和第六十七条规定，县级以上人民政府林业主管部门"对森林资源的保护、修复、利用、更新等进行监督检查，依法查处破坏森林资源等违法行为，履行森林资源保护监督检查职责"。这表明，在法律法规无明确规定的情况下，县级以上人民政府林业主管部门为古树名木保护的行政主管部门。

对于单位或个人损坏、破坏古树的行为，可依据《森林法》第六十八条"破坏森林资源造成生态环境损害的，县级以上人民政府自然资源主管部门、林业主管部门可以依法向人民法院提起诉讼，对侵权人提出损害赔偿要求"处理。盗挖、移植古树名木等违法行为的具体处罚，按照《中华人民共和国刑法》和有关司法解释予以处罚。

3.2.2 《中华人民共和国刑法》

有关古树保护，《中华人民共和国刑法》（2020年修正）规定了危害国家重点保护植物罪等，具体如下：

第三百四十四条 [危害国家重点保护植物罪]违反国家规定，非法采伐、毁坏珍贵树木或者国家重点保护的其他植物的，或者非法收购、运输、加工、出售珍贵树木或者国家重点保护的其他植物及其制品的，处三年以下有期徒刑、拘役或者管制，并处罚金；情节严重的，处三年以上七年以下有期徒刑，并处罚金。此条规定了非法采伐、毁坏国家重点保护植物罪和非法收购、运输、加工、出售国家重点保护植物、国家重点保护植物制品罪。

【说明】危害国家重点保护植物罪的对象为"珍贵树木或国家重点保护的其他植物，包括古树在内，对于非法采伐、毁坏古树的行为，应当适用危害国家重点保护植物罪定罪处罚"。

3.2.3 《中华人民共和国环境保护法》

《中华人民共和国环境保护法》(2014年修订)对古树保护也予以规制。

第二十九条 国家在重点生态功能区、生态环境敏感区和脆弱区等区域划定生态保护红线，实行严格保护。

各级人民政府对具有代表性的各种类型的自然生态系统区域，珍稀、濒危的野生动植物自然分布区域，重要的水源涵养区域，具有重大科学文化价值的地质构造、著名溶洞和化石分布区、冰川、火山、温泉等自然遗迹，以及人文遗迹、古树名木，应当采取措施予以保护，严禁破坏。

【说明】本法条明确了各级人民政府对古树负有保护的职责。

3.2.4 有关司法解释

有关司法解释主要是最高人民法院、最高人民检察院有关森林资源尤其是古树资源保护及其司法适用所作的解释性规定，主要有：

(1)《最高人民法院关于审理破坏森林资源刑事案件法律若干问题的解释》[(法释〔2023〕8号)，以下简称《解释》]

《解释》明确了危害国家重点保护植物罪的定罪量刑标准，既设置了立木蓄积、株数标准，也设置了价值标准，以防止形成处罚漏洞，同时还根据保护级别，分别设置定罪量刑标准，进一步严密对国家重点保护植物的司法保护。此外，《解释》针对危害古树名木行为专门规定定罪量刑规则。对于列入《国家重点保护野生植物名录》的古树名木，可以依据其保护级别分别适用相应的株数、立木蓄积标准。但还有很多古树名木未列入上述名录。基于此，《解释》针对危害古树名木的行为，专门规定"根据涉案树木的树种、树龄以及历史、文化价值等因素，综合评估社会危害性，依法定罪处罚"，以依法严惩危害古树名木犯罪，切实加大保护力度。

具体条文如下：

第二条 违反国家规定，非法采伐、毁坏列入《国家重点保护野生植物名录》的野生植物，或者非法收购、运输、加工、出售明知是非法采伐、毁坏的上述植物及其制品，具有下列情形之一的，应当依照刑法第三百四十四条的规定，以危害国家重点保护植物罪定罪处罚：

(一)危害国家一级保护野生植物一株以上或者立木蓄积一立方米以上的；

(二)危害国家二级保护野生植物二株以上或者立木蓄积二立方米以上的；

(三)危害国家重点保护野生植物，数量虽未分别达到第一项、第二项规定标准，但按相应比例折算合计达到有关标准的；

(四)涉案国家重点保护野生植物及其制品价值二万元以上的。

实施前款规定的行为，具有下列情形之一的，应当认定为刑法第三百四十四条规定的"情节严重"：

(一)危害国家一级保护野生植物五株以上或者立木蓄积五立方米以上的；

(二)危害国家二级保护野生植物十株以上或者立木蓄积十立方米以上的；

(三)危害国家重点保护野生植物，数量虽未分别达到第一项、第二项规定标准，但按

相应比例折算合计达到有关标准的;

(四)涉案国家重点保护野生植物及其制品价值二十万元以上的;

(五)其他情节严重的情形。

违反国家规定,非法采伐、毁坏古树名木,或者非法收购、运输、加工、出售明知是非法采伐、毁坏的古树名木及其制品,涉案树木未列入《国家重点保护野生植物名录》的,根据涉案树木的树种、树龄以及历史、文化价值等因素,综合评估社会危害性,依法定罪处罚。

《解释》第十三条中针对单位犯刑法第三百四十四条规定之罪的,明确依照本解释规定的相应自然人犯罪的定罪量刑标准,对直接负责的主管人员和其他直接责任人员定罪处罚,并对单位判处罚金。

《解释》第十四条明确,对国家、集体或者他人所有的国家重点保护植物实施犯罪的违法所得及其收益,应当依法追缴或者责令退赔。第十七条明确,涉案国家重点保护植物的价值,可以根据销赃数额认定;无销赃数额,销赃数额难以查证,或者根据销赃数额认定明显不合理的,根据市场价格认定。第十八条明确,对于涉案国家重点保护植物的种类、立木蓄积、株数、价值,以及涉案行为对森林资源的损害程度等问题,可以由林业主管部门、侦查机关依据现场勘验、检查笔录等出具认定意见;难以确定的,依据鉴定机构出具的鉴定意见或者下列机构出具的报告,结合其他证据作出认定。

(2)《最高人民检察院、公安部关于公安机关管辖的刑事案件立案追诉标准的规定(一)》第七十条和第七十一条主要是针对《刑法》第三百四十四条即危害国家重点植物罪所作出的具体解释性规定

第七十条 [非法采伐、毁坏国家重点保护植物案(刑法第三百四十四条)]违反国家规定,非法采伐、毁坏珍贵树木或者国家重点保护的其他植物的,应予立案追诉。

本条和本规定第七十一条规定的"珍贵树木或者国家重点保护的其他植物",包括由省级以上林业主管部门或者其他部门确定的具有重大历史纪念意义、科学研究价值或者年代久远的古树名木,国家禁止、限制出口的珍贵树木以及列入《国家重点保护野生植物名录》的树木或者其他植物。

第七十一条 [非法收购、运输、加工、出售国家重点保护植物、国家重点保护植物制品案(刑法第三百四十四条)]违反国家规定,非法收购、运输、加工、出售珍贵树木或者国家重点保护的其他植物及其制品的,应予立案追诉。

(3)《最高人民法院、最高人民检察院关于适用〈中华人民共和国刑法〉第三百四十四条有关问题的批复》[(法释〔2020〕2号),以下简称《批复》]

一、古树名木以及列入《国家重点保护野生植物名录》的野生植物,属于刑法第三百四十四条规定的"珍贵树木或者国家重点保护的其他植物"。

二、根据《中华人民共和国野生植物保护条例》的规定,野生植物限于原生地天然生长的植物。人工培育的植物,除古树名木外,不属于刑法第三百四十四条规定的"珍贵树木或者国家重点保护的其他植物"。非法采伐、毁坏或者非法收购、运输人工培育的植物(古树名木除外),构成盗伐林木罪、滥伐林木罪、非法收购、运输盗伐、滥伐的林木罪等犯罪的,依照相关规定追究刑事责任。

三、对于非法移栽珍贵树木或者国家重点保护的其他植物,依法应当追究刑事责任

的，依照刑法第三百四十四条的规定，以非法采伐国家重点保护植物罪定罪处罚。

鉴于移栽在社会危害程度上与砍伐存在一定差异，对非法移栽珍贵树木或者国家重点保护的其他植物的行为，在认定是否构成犯罪以及裁量刑罚时，应当考虑植物的珍贵程度、移栽目的、移栽手段、移栽数量、对生态环境的损害程度等情节，综合评估社会危害性，确保罪责刑相适应。

《批复》明确古树属于刑法第三百四十四条规定的"珍贵树木"，但无论其起源是野生或人工培育的，均属于珍贵树木。《批复》还明确非法移栽古树的行为按照非法采伐国家重点保护植物罪定罪处罚，并对非法移栽行为的定罪量刑规则作出了说明。

3.3 古树保护相关行政法规

3.3.1 《城市绿化条例》

《中华人民共和国城市绿化条例》（2017年修订）第二十四条、第二十六条、第二十九条等对古树保护作出了明文规定，具体如下：

第二十四条 百年以上树龄的树木，稀有、珍贵树木，具有历史价值或者重要纪念意义的树木，均属古树名木。

对城市古树名木实行统一管理，分别养护。城市人民政府城市绿化行政主管部门，应当建立古树名木的档案和标志，划定保护范围，加强养护管理。在单位管界内或者私人庭院内的古树名木，由该单位或者居民负责养护，城市人民政府城市绿化行政主管部门负责监督和技术指导。

严禁砍伐或者迁移古树名木。因特殊需要迁移古树名木，必须经城市人民政府城市绿化行政主管部门审查同意，并报同级或者上级人民政府批准。

第二十六条 违反本条例规定，有下列行为之一的，由城市人民政府城市绿化行政主管部门或者其授权的单位责令停止侵害，可以并处罚款；造成损失的，应当负赔偿责任；应当给予治安管理处罚的，依照《中华人民共和国治安管理处罚法》的有关规定处罚；构成犯罪的，依法追究刑事责任：

（一）损坏城市树木花草的；

（二）擅自砍伐城市树木的；

（三）砍伐、擅自迁移古树名木或者因养护不善致使古树名木受到损伤或者死亡的；

（四）损坏城市绿化设施的。

第二十九条 对违反本条例的直接责任人员或者单位负责人，可以由其所在单位或者上级主管机关给予行政处分；构成犯罪的，依法追究刑事责任。

3.3.2 《村庄和集镇规划建设管理条例》

《中华人民共和国村庄和集镇规划建设管理条例》第三十四条、第四十一条等对古树保护也作了规定。

第三十四条 任何单位和个人都有义务保护村庄、集镇内的文物古迹、古树名木和风景名胜、军事设施、防汛设施，以及国家邮电、通信、输变电、输油管道等设施，不得损坏。

第四十一条 损坏村庄、集镇内的文物古迹、古树名木和风景名胜、军事设施、防汛设施，以及国家邮电、通信、输变电、输油管道等设施的，依照有关法律、法规的规定处理。

3.4 古树保护相关部门规章

3.4.1 《城市古树名木保护管理办法》

2000年9月1日，建设部颁布《城市古树名木保护管理办法》，这是我国迄今为止唯一的关于古树名木保护管理的专门性立法。

《城市古树名木保护管理办法》对城市规划区内和风景名胜区古树名木保护管理工作的主管部门及工作职责、管理原则、管理和养护主体及权责、实施监督和法律责任等作了具体规定，共计21条。按照内容可以分为四个部分，第一部分为总则，包含第1~5条，内容包括：立法目的、适用范围、古树名木的概念和分级标准、古树名木保护管理体制；第二部分包含第6~12条，主要内容为古树名木保护管理工作的责任主体及职责，包括：行政主管部门的工作职责、古树名木保护管理责任主体及费用来源、古树名木复壮和死亡管理、移植审批办法等；第三部分主要规定古树名木保护的相关法律责任，包含第13~19条，主要内容为：严禁损害古树名木的行为内容、城市建设活动避让古树名木及规划审批要求、影响古树名木生长的生产或生活设施的改造要求、古树名木保护管理工作中的法律责任等；第四部分为附则，共两条，分别规定了本法的解释部门和施行具体时间。

3.4.2 《城市紫线管理办法》

2003年12月17日，建设部颁布《城市紫线管理办法》。

第十三条 在城市紫线范围内禁止进行下列活动：

（一）违反保护规划的大面积拆除、开发；
（二）对历史文化街区传统格局和风貌构成影响的大面积改建；
（三）损坏或者拆毁保护规划确定保护的建筑物、构筑物和其他设施；
（四）修建破坏历史文化街区传统风貌的建筑物、构筑物和其他设施；
（五）占用或者破坏保护规划确定保留的园林绿地、河湖水系、道路和古树名木等；
（六）其他对历史文化街区和历史建筑的保护构成破坏性影响的活动。

3.5 古树保护地方立法

3.5.1 古树保护地方立法概况

从1983年上海市颁布第一部《古树名木保护管理规定》*到2021年湖南省人民政府发

---

* 2002年废止。

布的《湖南省古树名木保护办法》，我国已有17个省(自治区、直辖市)颁布了地方性的古树名木保护法规和规章(表3-1)。

表3-1 全国省(自治区、直辖市)古树名木保护立法情况

序号	省份	法规名称	颁布单位	通过时间（修订时间）	条款数
1	北京	《北京市古树名木保护管理条例》	北京市人大常委会	1998年6月5日（2019年修订）	26
2	上海	《上海市古树名木和古树后续资源保护条例》	上海市人大常委会	2002年7月25日（2017年修订）	29
3	江西	《江西省古树名木保护条例》	江西省人大常委会	2004年11月26日（2019年修订）	30
4	安徽	《安徽省古树名木保护条例》	安徽省人大常委会	2009年12月16日	32
5	陕西	《陕西省古树名木保护条例》	陕西省人大常委会	2010年7月29日（2019年修订）	42
6	广西	《广西壮族自治区古树名木保护条例》	广西壮族自治区人大常委会	2017年3月29日	46
7	四川	《四川省古树名木保护条例》	四川省人大常委会	2019年11月28日	45
8	贵州	《贵州省古树名木大树保护条例》	贵州省人大常委会	2019年12月1日	52
9	天津	《天津市古树名木保护管理办法》	天津市人民政府	1994年2月23日（2004年修订）	20
10	新疆	《新疆维吾尔自治区古树名木保护管理暂行办法》	新疆维吾尔自治区人民政府	2004年1月5日	16
11	湖北	《湖北省古树名木保护管理办法》	湖北省人民政府	2010年5月17日	31
12	海南	《海南省古树名木保护管理规定》	海南省人大常委会	2013年7月30日（2022年修订）	40
13	河北	《河北省古树名木保护办法》	河北省人民政府	2014年12月12日	30
14	浙江	《浙江省古树名木保护办法》	浙江省人民政府	2017年7月1日	26
15	山东	《山东省古树名木保护管理办法》	山东省人民政府	2018年3月23日	29
16	福建	《福建省古树名木保护管理办法》	福建省人民政府	2021年4月1日	42
17	湖南	《湖南省古树名木保护办法》	湖南省人民政府	2021年11月26日	36

从法规效力来看，在已经颁布的17部地方性古树保护立法中，省级人大常委会颁布的地方性法规有9部，省级人民政府颁布的地方政府规章有8部。依据我国《立法法》规定，地方性法规的法律效力高于地方政府规章。

从已颁布的地方性法规和规章的条款数来看，对古树保护的规定更加完善和详细，古树名木保护法规和规章的条款数量呈显著上升趋势。2004年之前颁布的地方性法规和规章

的条款数多在30条以下,之后颁布的法规和规章条款数呈逐步增加的趋势,如2019年12月通过的《贵州省古树名木大树保护条例》中条款数达到52条。新出台的法律法规对于古树资源普查、日常养护、抢救复壮、保护措施及行政处罚等方面的规定更加详细。

3.5.2 古树保护地方立法的成效

古树保护是一项长期的公益事业,各地出台的古树保护地方性法规和规章,从内容来看,保护的原则上大多包括"政府主导、属地管理、分级保护、社会参与、定期养护与日常养护相结合"等内容;法规和规章的内容包括古树的认定、管理、养护和法律责任等内容。随着各地对古树保护重要性认识的提升以及管理方式的不断优化,近年来新出台的古树保护地方性法规和规章的内容更加具体,具有操作性,对破坏古树行为处罚的规定更加细化,处罚的力度整体上有很大的提升,法规和规章对破坏古树行为的威慑力更强。

(1) 明确了古树保护的管理体制

古树的分布横跨城乡,在管理权限上分别属于林业和城市绿化主管部门,各级绿化委员会负责本区域古树保护的组织协调工作。各地出台的古树保护地方性法规和规章明确了"综合协调与分部门管理相结合"的古树保护管理体制。大多数古树保护地方性法规和规章规定,县级以上绿化委员会统一组织和协调本行政区域内古树的保护管理工作,县级以上林业、城市绿化行政主管部门按照各自职责范围,负责古树的保护管理工作。通过明确和理顺古树保护的管理体制,推动古树保护工作的法制化、规范化和制度化,形成了政府、部门齐抓共管,分工协作保护古树的良好局面。

(2) 保障了古树保护的经费投入

落实保护经费是做好古树保护工作的重要保障。长期以来,我国古树保护经费短缺,保护投入严重不足,古树特别是乡村古树的日常养护、抢救、复壮、施肥、除虫、治病、防雷、防台风等保护措施无法及时实施或实施不到位,每年造成许多古树树势衰弱、濒临死亡,甚至死亡。通过开展古树保护地方立法,明确了古树保护的工作经费和养护经费,现有17个省(自治区、直辖市)发布的法规和规章中,有12个省(自治区、直辖市)明确古树保护经费纳入财政预算或者设立专项经费。大多数古树保护地方性法规和规章还规定了古树的日常养护经费,鼓励单位和个人以捐资、认养等形式参与古树养护等内容,逐步形成了以财政经费投入为主,多种渠道筹措保护经费为辅的古树保护经费投入机制。

(3) 促进了古树的科学养护

通过开展古树保护地方立法,明确了日常养护和专业养护相结合的古树养护机制,明确了古树日常养护的责任人和养护责任,确定了古树发生异常情形时的专业养护制度及措施,确保了古树的健康生长。古树养护专业技术性强,强调科学施策。大多数古树保护地方性法规和规章鼓励开展古树保护的科学研究、技术推广、标准制定、人员培训等措施,为推动科学养护古树提供了法律和制度保障。

(4) 规范了古树的移植行为

各省(自治区、直辖市)出台的法规和规章均坚持了"原地保护"的原则,要求有关建设项目涉及古树的应当制订保护方案,采取避让保护措施,报相关部门批准或备案后方可施工。因特殊原因确实无法避让的,须制订移植方案、提交相应申请材料,经批准后方可移植,且移植及移植后5年内的养护等费用由申请移植单位承担。大多数古树保护地方性法规和规章规定在从严管理古树移植的前提下，明确了古树移植的审批程序，规范了古树的移植行为。

(5) 有效打击了破坏古树的各类行为

各类针对古树及其生长环境的破坏行为是危害古树健康生长的重要因素，必须进行有效打击。各地通过开展古树保护地方立法为打击破坏古树的行为提供了法律保障。各古树保护地方性法规和规章，对违法行为的处罚时主要依据《森林法》和《城市绿化条例》等有关法律法规，结合古树价值和本地经济社会发展水平制定处罚标准。并根据违法行为的严重程度，根据破坏古树保护设施，对古树损害程度、非法砍伐、移植等违法行为设置不同的处罚标准。结合《最高人民法院、最高人民检察院关于适用〈中华人民共和国刑法〉第三百四十四条有关问题的批复》，实现了对破坏古树行为的刑事处罚和行政处罚的衔接，为有效打击各类破坏古树的行为奠定了坚实的法律基础。

3.5.3 古树保护地方立法存在的问题

(1) 部分地区未出台专门立法

目前我国还有17个省(自治区、直辖市)没有出台古树保护方面的法规。这些省(自治区、直辖市)中有些地方古树资源十分丰富，是我国古树的重要分布区域，古树保护相关地方性法规的缺失将影响古树保护的力度。

(2) 古树保护的责权利不对等

在已经出台的17部古树保护法规和规章中，古树的管护费用明确由政府承担的只有广西，9个省(自治区、直辖市)明确规定古树养护的费用由养护责任单位和个人承担，只有在抢救、复壮时可给予适当的补贴。大部分法规和规章还明确规定养护责任单位和个人应按照养护技术规范进行日常养护，造成古树死亡或其他伤害时要受到罚款或其他行政处罚。各省(自治区、直辖市)古树保护法规和规章涉及养护单位和个人的几乎全部是义务性规定，尚未建立生态补偿机制，责权利不对等势必影响责任单位和个人保护管理古树名木的积极性，部分地区在古树普查中出现了瞒报、拒报等现象，影响了古树保护工作的开展。

(3) 处罚标准的合理性有待改进

《中华人民共和国行政处罚法》第四条规定：设定和实施行政处罚必须以事实为依据，与违法行为的事实、性质、情节和社会危害程度相当。梳理已经出台的古树名木保护地方性法规发现，现行处罚标准的合理性有待改进。①部分法规处罚标准不明确。例如，《新疆维吾尔自治区古树名木保护管理暂行办法》规定："对造成古树名木死亡的，应依法赔偿经济损失"；山东省对于非法砍伐、移植严重违法行为没有作出明确的规定，仅提到"造成古树名木损害的，依法承担赔偿责任"，但没有提及具体的处罚标准。②处罚标准宽泛。如上海市规定对于砍伐一级保护的古树名木的，每株处以3万元以上30万元以下罚款；浙江省规定对于严重破坏古树名木的行为，处以1万元以上10万元以下罚款。处罚的标准宽泛，行政执法机构的自由裁量权较大，处罚标准亟待细化。③处罚标准的依据不足。由于国家层面尚未完成古树名木保护的专门立法，各地在出台古树名木保护法规处罚标准时依据不足，主要依据《森林法》《城市绿化条例》等法律法规的规定，特别是对于非法采伐和移植古树名木的行为处罚标准制定的法律依据不足。

思考题

1. 古树保护的相关法律有哪些？
2. 古树保护的相关行政法规有哪些？
3. 论述我国古树保护地方立法现状和存在的问题。

推荐阅读书目

行政法(第五版). 姜明安. 法律出版社, 2022.

自然资源法. 阎其华. 中国政法大学出版社, 2021.

自然资源权体系及实施机制研究：基于生态整体主义视角. 刘卫先. 法律出版社, 2016.

第4章 古树保护的基本原则

本章提要

古树保护管理的基本原则包括：全面保护、原地保护、属地管理、科学养护、政府主导、社会参与。本章阐述了古树保护基本原则的含义、必要性和重点关注的问题。古树保护工作应以坚持政府主导、社会参与为根本，充分发挥各级人民政府和主管部门的职能作用，逐步建立健全古树保护管理体制。以坚持全面保护、科学养护为核心，做到应保尽保，大力推广先进养护技术，提高养护科技水平。以坚持属地管理、原地保护为基础，县级以上古树保护主管部门切实做好本行政区域内的古树保护管理工作，严格保护好古树及其原生地环境，严禁非法移植。以实现古树资源有效保护为目标，切实保护好每一棵古树，充分发挥古树在传承历史文化、弘扬生态文明中的独特作用，为推进生态文明建设和美丽中国建设作出更大贡献。

古树保护工作应坚持全面保护、原地保护、属地管理、科学养护、政府主导、社会参与的基本原则。这些基本原则是古树保护工作长期实践总结的经验，也是古树保护工作应遵循的基本准则。

4.1 全面保护

4.1.1 全面保护的含义

全面保护是指在做好全面普查、摸清资源状况的基础上，中华人民共和国境内的古树及其生长环境均应纳入保护范围，做到应保尽保，严格禁止任何损害古树及其生境的行为。

（1）应保尽保

中华人民共和国境内的古树无论权属是个人、集体还是国有，无论生长在城市还是农村，均应纳入保护范围，做到应保尽保，实行全面保护。从目前已出台的省（自治区、直辖市)古树名木保护条例(办法)来看，大多数均将本省(自治区、直辖市)行政区域内的古树名木纳入了保护范围，实行了全面保护。例如，2021年6月1日起施行的《福建省古树名木保护管理办法》规定，本办法适用于本省行政区域内古树名木的保护管理活动。2020年2月1日起施行的《贵州省古树名木大树保护条例》也规定，本省行政区域内古树名木大树的保护管理等活动，适用本条例。

分布在原始林及自然保护区内的古树是否应纳入古树有关法律法规的保护范围？从理论上讲，古树无论分布在哪里，都应该纳入保护范围，实行全面保护。但是，由于已有相关法律法规对该区域内的古树保护作出了严格规定，以及考虑到保护工作的可操作性等客观原因，分布在原始林及自然保护区内的古树目前可以暂不纳入古树有关法律法规的保护范围或实行特殊的保护政策，即对原始林、自然保护区内的古树实施整体保护，坚持最小人为干预原则，保持古树及其生态群落的原真性。一方面，《中华人民共和国森林法》《中华人民共和国自然保护区条例》等国家有关法律法规已经对原始林、自然保护区采取了严格的保护措施，同样适用于分布在此范围内的古树保护。另一方面，根据中华人民共和国林业行业标准《古树名木普查技术规范》(LY/T 2738—2016)规定，东北内蒙古国有林区原始林分、西南西北国有林区原始林分和自然保护区内的古树暂未纳入资源普查工作。同时，原始林、自然保护区一般地处偏远，人烟稀少，受到人为干扰和破坏的可能性相对较小，且考虑到古树保护实际工作中的可行性和可操作性，因此，分布于原始林及自然保护区内的古树保护难以纳入应保尽保的范畴。例如，《四川省古树名木保护条例》规定，本条例适用于四川省行政区域内，分布在原始林外，经依法认定和公布的古树名木的保护和管理活动。《新疆维吾尔自治区古树名木保护管理暂行办法》规定，国有林区的古树名木，暂不执行条例，按国家和自治区有关法规组织实施。《海南省古树名木保护管理规定》规定，自然保护区内的古树名木，由自然保护区主管部门依照有关规定进行保护管理。

同时，人工培育的以生产木材为主要目的的商品林应在古树有关法律法规的保护范围之外。因为人工培育的以生产木材为主要目的的商品林主要是提供能进入市场的经济产品，其主体功能是获得经济产出等满足人类社会的经济需求，如对其采取严格的保护管理措施，将与其主体功能背道而驰，因此，人工培育的以生产木材为主要目的的商品林不应纳入古树有关法律法规的适用范围。

(2)禁止任何损害古树的行为

我国已出台的省(自治区、直辖市)古树名木保护条例(办法)均对古树保护的禁止行为进行了明确规定，主要包括：禁止非法砍伐、非法移植、非法买卖、非法运输，禁止刻划、钉钉、攀爬、折枝、架设电线、在古树上缠绕、悬挂物体或者使用树干作支撑物、紧挨树干堆压物品，禁止剥损树皮、掘根、向古树灌注有毒有害物质，禁止破坏古树名木的保护设施和保护标识，以及其他任何损害古树的行为。同时，全国各地根据当地的经济社会发展水平和实际情况，在已出台的古树名木保护条例(管理办法)中对损害古树的相关违法行为均制定了严厉的处罚措施，构成犯罪的，将依法追究刑事责任。只有严格管理，禁止任何损害古树的行为，才能保护好古树资源，造福于人类。例如，《北京市古树名木保护管理条例》规定，对于在古树上刻划、钉钉、缠绕绳索，攀树折枝、剥损树皮，借用树干做支撑物，擅自采摘果实的，由古树行政主管部门责令改正，并处以罚款。构成犯罪的，依法追究刑事责任。

(3) 保护古树生长环境

在古树保护工作中,不仅要严格保护古树本体,也应在其周围划定保护范围,同时在制定城乡建设规划时,在古树保护范围及相邻区域划定建设控制地带,进一步拓展保护空间,对古树生长环境实行全面保护。禁止在古树保护范围内新建、扩建建筑物或者构筑物、敷设管线、挖坑取土、采石取砂、淹渍或者封死地面、排放烟气、倾倒污水垃圾、堆放或者倾倒易燃易爆或有毒有害物品等破坏古树生境的行为。关于保护范围,虽然目前全国各地做法不一,但是针对保护范围均有明确规定,以此保障古树全面保护的落实。主要分为四种类型:①按照不小于树冠垂直投影外3m划定保护范围。如四川规定保护范围为不小于树冠垂直投影外3m。天津、新疆均规定保护范围为树冠垂直投影外3m内。②按照不小于树冠垂直投影外5m划定保护范围。比如,北京、上海、贵州、福建均规定保护范围为不小于树冠垂直投影外5m。安徽、江西、广西、陕西、海南均规定保护范围为树冠垂直投影外5m内。③按照树干以外10~15m划定保护范围。例如,江苏规定,树干以外10~15m为保护范围。④按照古树保护级别划定保护范围。例如,浙江规定一级保护的古树和名木保护范围不小于树冠垂直投影外5m;二级保护的古树保护范围不小于树冠垂直投影外3m;三级保护的古树保护范围不小于树冠垂直投影外2m。山东规定,名木和一级保护的古树,保护范围不小于树冠垂直投影外3m;二级保护的古树,保护范围不小于树冠垂直投影外2m;三级保护的古树,保护范围不小于树冠垂直投影外1m。在城市规划区和其他特殊区域内的古树名木,其保护范围可以根据实际情况另行划定。

【案例4-1】北京打造古树及其生长环境系统保护的模式样板

2021年,北京市探索古树及其生境的整体保护新模式,系统全面改善古树的生存环境,在房山上方山国家森林公园建立了首个古树保护小区,旨在努力拓宽古树营养面积,拓展保护空间,让"活的文物"更加健康长寿。保护小区可以对古树本体和生境群落进行系统保护和监测,为科学保护古树群落、合理利用古树种质资源提供依据。上方山古树保护小区建设分为三种类型:东山寺庙区古树群落、古青檀群落和天然原生古树群落。在古树小区的建设中,工作人员为部分青檀古树做了支撑和拉纤,接近根部的硬质地面进行了破拆,并打了通气孔,让根部可以透水透气。东山寺庙区古树群落区域是游客活动的核心区域,也是重要的历史文化展示区,在满足游客游览的前提下,通过增设透气铺装等装置提升改善重点古树的生长环境,减少游客踩踏对根系土壤的影响。

【案例4-2】580岁的古流苏树迎来了盛花期

2021年,位于北京市密云区新城子镇苏家峪村的古流苏树因为采取了树木本体和生境整体保护的新模式,似乎年轻了不少,显得更精神,枝叶也更舒展。这是因为园林绿化部门持续多年开展古树体检、复壮等工作,拆除了古树外围的硬化地面,并将护栏外扩,这样一来,古树的营养面积就从$16m^2$扩展至$260m^2$;对古树保护范围内的一口地窖进行回填;移栽周边争夺生长空间的香椿、栗树等。浓密的树冠之下,如今不再是硬邦邦的砖石,而是高低错落、色彩丰富的乡土花草,其无须过多浇水,以避免古树根系"徒长"。

4.1.2 全面保护的必要性

古树资源是祖先留下的宝贵财富,一旦遭受损害,难以挽救,因此,必须把全面保护放在最重要的位置,为古树保护提供有力保障,使古树全面保护工作能够顺利推进,落实到位。

①国家有关决策部署是进一步加强古树全面保护的指导思想和基本遵循。《中共中央国务院关于实施乡村振兴战略的意见》(2018年1月2日)明确提出,要"全面保护古树名木"。《全国绿化委员会关于进一步加强古树名木保护管理的意见》(全绿字〔2016〕1号)指出,古树名木保护的第一个基本原则就是"坚持全面保护"。

②古树是不可再生的稀缺资源,一旦损失,无法挽回,应把全面保护放在首要位置。古树是森林资源中的瑰宝,是独特的生态文化资源,是一座弥足珍贵的优良林木种源基因库,保存了弥足珍贵的物种资源,具有重要的历史、文化、种质资源、生态、科研科普景观和经济价值,必须坚持全面保护。例如,安徽黄山迎客松树龄已过千年,是黄山奇松之首和黄山特级保护古树名木,由于其珍贵、稀有的特性,已被列入世界遗产名录,是中国唯一上榜"全球最著名的16棵树木"的古树。四川广元的剑阁柏树龄已达2300多年,当地百姓称为"松柏常青树",该树种仅存四川省剑阁县,其物种基因极为宝贵。

③古树周围环境直接影响古树的健康生长,因此,实行全面保护不仅要保护古树本体,还必须保护古树周围生长环境。一方面,古树经历逾百年生长,已经适应了当前的生境,其树冠和根系向周围环境蔓延得很广,而树冠和树根可以吸收和传递土壤中的水分和养分,对古树的正常生长起到非常重要的作用。另一方面,古树周围的光照、水分、土壤等环境因素从不同方面影响古树的正常生长。如果在古树生境内采取过度硬化、随意动土施工等措施,均会使古树难以适应新的环境,进而影响古树的正常生长。有的古树虽然所处环境恶劣,但其在此环境中生长了数百年上千年,已适应生境,如突然在古树周围浇筑水泥地、铺上地砖石块、硬化道路,为古树垒起土堆、培上厚厚的新土,或在古树周围砌起石坎、石凳等,改变其生境,都会使其因不适应新的环境而导致生长受影响。因此,基于全面保护的原则,应在古树周围科学合理划定保护范围,全面保护古树的生境。

【案例4-3】2020年3月,湖南省某地检察院在履职过程中发现,部分古树名木自然生长环境遭受严重破坏,部分未依法设立保护标牌和划定保护范围;部分古树名木周围堆放大量垃圾、杂物,古树名木的生存环境受到严重威胁。于是,检察院向城管、林业等行政机关公开送达检察建议,建议两家行政机关加强保护古树名木的自然生长环境,依法划定保护范围,对保护范围内堆放的物料、新建扩建建筑物、铁线缠绕、悬挂横幅等违法行为进行清理整顿,为古树名木正常生长创造良好自然环境。

4.2 原地保护

4.2.1 原地保护的含义

原地保护是指在古树的原生地对其进行保护,严禁任何非法砍伐或者移植古树的行为。

①在古树的原生地进行严格保护 在古树原有的生长地对其进行严格保护,设立保护标识和设置保护设施,依法依规划定保护范围,禁止任何损害古树及其生长环境的行为。同时,建设工程施工影响古树正常生长的,建设单位应当采取避让措施,无法避让的,应当在施工前制定保护方案,报相应古树保护主管部门批准。

②严禁非法砍伐或者移植古树　古树是自然界和前人留下来的珍贵遗产，因此，禁止一切非法砍伐的行为。如违反，则应按照有关法律法规，由古树保护主管部门责令停止违法行为，没收违法所得，并按照古树级别处以罚款。构成犯罪的，依法追究刑事责任。

只有在特殊情况下，如遇国家或省级重点建设工程项目无法避让或者进行有效保护的，古树的生长状况对公众生命、财产安全可能造成重大危害且采取防护措施后仍无法消除危害时，才能向古树保护主管部门申请，经审批通过后，采取移植保护。

4.2.2　原地保护的必要性

从历史文化角度看，古树是有生命的文物，是一个地区、一座城市悠久历史文化的象征，客观记录和反映了原生地的社会发展轨迹和自然演替变迁，在其原生地起到了历史文化的标志性作用。例如，安徽黄山迎客松生长在黄山玉屏楼右侧、文殊洞之上，倚青狮石破石而生，是黄山的标志性景观，具有极其重要的历史文化价值。陕西的黄帝手植柏相传是由黄帝亲手栽植，约有5000年的树龄，其见证了中华民族五千年的繁衍生息和发展变化，是黄帝陵景区最有价值的文化遗产。在北京北海公园内，被清代乾隆皇帝封为"白袍将军"的白皮松相传植于金代，是首都北京悠久历史的见证，是现代北京不可替代的生物景观，构成了首都北京活的编年史。如果将它们移植到别处，它们就不能反映原生地的社会发展轨迹和自然演替变迁，其历史文化价值将大大降低。

从生态保护角度看，古树移植严重影响古树正常生长，甚至导致古树死亡。①古树一般树龄老化，生理机能较差，移植后适应性较弱，存活难度大。②古树的原生环境遭到破坏。古树在原生地已生长上百年，其树种特性已完全适应生物学中的温度、光照、水分、土壤等立地条件，遵循适地适树规律。例如，将原生于热带的古树向北移植，往往容易受冻害；而将分布于暖温带的古树向南移栽，则会因温度过高而受到影响，同时湿热环境下也容易导致病虫害等问题。又如，土壤是古树生长的必要载体，它为古树提供生存和生长所需的水分和营养物质，不同的土壤类型和酸碱度可以直接影响古树的分布和生长。③不利于发挥古树的生态功能。如果随意移植，因切根截冠减少了生物量，影响生态效益发挥，降低了原生地的森林质量，甚至造成水土流失、生物多样性减少等问题。移植后的古树与正常种植的树木相比，长势弱，寿命短，树木固碳释氧等生态功能明显降低。

4.3　属地管理

4.3.1　属地管理的含义

属地管理是指根据古树所在地域由当地人民政府统一领导古树保护管理工作，由当地人民政府古树保护主管部门负责保护管理工作，从守土有责的角度确保管理有效。一方面，无论古树的权属、分布和保护级别，一些基础性保护工作，如普查、建档、设立保护标识和保护设施、划定保护范围、落实日常养护责任人、危害损害处置等日常保护管理工作都由古树所在地的县级古树保护主管部门负责。另一方面，为强化管理，提升重要事项审批权限，按照古树保护级别，有些地方规定一、二级古树的认定和公布、死亡处置、建设工程避让审批、移植保护审批等工作由古树所在地的省、市级古树保护主管部门负责。

4.3.2 属地管理的必要性

按照公共需要理论、公共产品层次性理论、委托代理理论和博弈理论，合理划分各级政府古树保护的事权，是落实各级政府古树保护责任、确保古树保护工作顺利进行的基本前提。事权是各级政府按照法定权责，依据相关法律法规，在管理公共事务、治理公共问题、提供公共服务中履行的职责和承担的任务。政府间的事权划分是政府职能在各级政府间进行分工的具体体现，它反映的是各级政府管理权限的划分，突出的是行政隶属关系。在市场经济条件下，各级政府的基本职能就是为社会提供公共产品，公共产品的层次性决定了中央和地方在提供公共产品时效率和合理性，即不同层级的政府提供不同层次的公共产品。因此，强化古树保护事权属地管理，在明确责任、推动工作落实的时效性和可操作性、深化"放管服"改革等方面发挥着积极作用。

①落实各级政府古树保护事权划分的重要举措　古树保护事权划分主要依据事权与具体情况相适应原则，以及中央与地方平衡原则。考虑公共事务的层次要求、受益的公共范围、政府提供服务的实际情况和实际已经拥有的资源等来合理划分事权。古树属于公共产品，根据公共产品层次性理论，按照公共产品受益对象的范围大小来分类政府的事权，全国性公共产品和事项，应由中央政府负责；区域性公共产品和事项，应由地方政府负责。同时，考虑到信息处理的复杂性和监管难度，地方政府对于古树资源的基本情况更加了解，更能够及时处理古树保护中的各种具体问题，进而充分调动地方的积极性和主动性，地方能管理的尽量由地方管理。因此，古树保护工作实行属地管理，切实落实地方政府在中央授权范围内履行事权的责任，最大限度减少中央对微观事务的直接管理，明确地方政府职责，充分发挥地方政府区域管理优势，调动和保护地方政府的积极性和主动性。

②保证古树保护工作的及时性　由于古树保护工作的广泛性、烦琐性和及时性，县级古树保护主管部门承担着古树的资源普查、建档、设立保护标识和保护设施、划定保护范围、落实日常养护责任人、危害损害处置等工作，对当地古树资源情况非常熟悉，往往可以第一时间处置或干预古树保护工作中的问题，明显提高了古树保护工作的效率，确保古树保护工作的及时性。因此，必须要把古树保护工作的职责和任务层层细分，落实属地责任，形成"事事有人管、人人有专责"的局面，不断提高工作效率，提升管护水平，确保古树保护工作有序、有效开展。

③保证古树保护工作的可操作性　属地管理是古树保护工作长期实践总结出来的经验，突出尊重现有制度、工作基础，遵循可操作性原则，充分考虑古树保护现有的管理体制、管理办法，充分吸纳全国各地古树保护管理中行之有效的措施，进一步明确各级古树保护主管部门的职责任务。从严格管理的角度，部分古树的认定和公布、死亡处置以及审批等重要工作由古树所在地的省、市级古树保护主管部门把关。为减少实际工作成本，增强实际工作中的可操作性，古树资源普查、建档、设立保护标识和保护设施、划定保护范围、落实日常养护责任人、危害损害处置等基础性工作由古树所在地的县级古树保护主管部门来承担。

④深化"放管服"改革的必然要求　放管服，就是简政放权、放管结合、优化服务。在古树保护工作中，减少没有法律依据和法律授权的行政权，尽量下放更多行政权到县级古树保护主管部门，凸显县级主管部门在古树保护管理工作中的重要作用。主要包括古树普

查、挂牌,全面落实管护责任,由县级古树保护主管部门与养护责任单位或责任人签订责任书,明确相关权利和义务。加强日常养护,定期开展巡查和检查。根据古树生长势、立地条件及存在的主要问题,制订科学的日常养护方案,督促指导责任单位和责任人认真实施相关养护措施。及时排查树体倾倒、腐朽、枯枝、病虫害等问题,并有针对性地采取保护措施,对易被雷击的高大、孤立古树,及时采取防雷保护措施。

4.4 科学养护

4.4.1 科学养护的含义

科学养护,是指古树保护主管部门和有关养护责任单位(人)为维持古树正常生长而对古树本身及其周围环境采取的科学的、合理的养护措施。

为什么要实行科学养护?因为古树保护是一项专业性、技术性很强的工作,唯有方法科学,才能起到保护作用。现实中,除了自然灾害和病虫害侵蚀等因素,人为因素也容易导致古树生长衰弱甚至死亡,如地面硬化、违规搭建、土壤积水等。对古树保护措施不当、保护方法不科学,不仅起不到保护作用,反而会对古树造成二次伤害。这就要求我们科学养护,才能让每一株古树都得到有效保护,更好发挥其功能和价值。

做好以下三个方面的工作是落实科学养护原则的关键。

①坚持日常养护与专业养护相结合 按照养护技术规范实施,实行日常养护和专业养护相结合,养护措施应当科学合理,避免不当保护。日常养护内容包括巡护古树及其生存自然环境、保护设施,发现异常情况及时报告,对古树实施浇水、施肥等简易措施。专业养护内容包括对古树实施防腐、防雷、修补树洞、改良土壤、支撑树体、修剪枯枝、防治有害生物等专业技术措施。

②县级以上人民政府古树保护主管部门应当积极组织开展古树保护管理科学研究 大力推广先进养护技术,建立健全技术标准体系,同时,应当无偿向日常养护责任单位(人)提供必要的养护知识培训和技术指导,提高古树保护科技水平。定期组织专业技术人员对古树进行专业养护,发现有害生物危害古树或者其他生长异常情况时,应当及时救治。

③日常养护责任单位(人)应采取科学合理的养护措施 古树养护责任单位(人)应当切实履行日常养护责任,按照有关技术规范和古树自身的生物学特性进行科学养护,落实日常浇水、施肥、有害生物防治、地上环境治理等日常养护管理措施,防范和制止各种损害古树的行为,并接受古树保护主管部门的指导和监督检查。

4.4.2 科学养护的基本要求

古树是活的生命体,其养护必须遵循古树生长特性和规律,因此,古树保护是一项专业性、技术性很强的工作,涉及植物生理、栽培养护、病虫害防治、林木遗传育种等多个专业领域,唯有方法科学,才能起到有效保护的作用。当前,社会各界重视古树保护,有更多的资金用于古树复壮,应坚持科学养护,加大对古树保护科学技术的研究,组织开展古树保护技术攻关,大力推广应用先进养护技术,制定相关技术标准,提高古树养护的科技水平,广泛普及古树保护知识,才能让每一株古树都得到有效保护,更好地发挥其功能和价值。

①遵循古树生长特性和规律　我国地域广阔，各地水分、温度、土壤等自然条件不同，对古树养护提出了不同的要求。古树树种众多，不同树种生理习性不同。古树树龄从百年到几千年，跨度巨大，不同树龄的古树生理机能存在一定的差异，因此，在养护过程中，应针对古树的树种差异、同一树种不同生长阶段的特性、古树所在地区的气候差异、栽植地的小环境特点等，采取不同的科学养护措施，这是实现古树健康生长的重要手段。

②避免不当保护　现实中，除了自然灾害和病虫害损害等因素，地面过度硬化、过度浇水和填土等不当保护措施也易导致古树生长衰弱甚至死亡。目前，我国古树保护的科技水平不高，部分工作人员尚缺乏古树保护专业技术知识，导致许多因不当保护而造成古树受损、死亡的现象时有发生。最常见的就是地面过度硬化。古树需要从土壤中吸收水分和养分，输送给树体生长，根系也需要吸收氧气，排出二氧化碳，维持根系生长。当树干周围全部被水泥覆盖，会严重影响古树的生长。因此，科学养护，避免不当保护，对于古树健康生长具有重要意义。

③实行"一树一策"科学养护方案　通过现场针对每株古树记录影响其正常生长的主要因子，对一些存在病虫危害、严重倾斜有倒塌危险、有损坏的古树，进行有针对性的全方位"会诊"，在充分调研的基础上，确定具体的保护措施，制定"一树一策"科学养护方案，全面提升古树养护科技水平。

4.4.3　科学养护案例

【案例4-4】"松柏抱塔"曾是北京大觉寺八绝之一，但因为松树死亡已经名不副实。虽说这株古松最终致死原因是病虫害，但病虫害又因何而起的呢？专家鉴定的结果是，松树根部曾被水浸泡，而松树的树根一经水泡受损，整株树的树势就开始变弱，继而发生病虫害。据了解，这株古松刚出现问题时，人们误以为是干旱导致，于是灌水救助。死后排查原因才发现此树根系旁边有泉眼，最初导致古树衰弱的原因不是旱，而是涝，不当的技术措施实际上导致了古树的死亡。

【案例4-5】2021年，深圳市某公园东侧的一株14m高的秋枫古树出现了树冠稀疏、大部分叶片发黄等"病症"。坪山区委托专业机构利用PICUS弹性波树木断层检测仪，依靠声波技术，通过记录声波传播时间，运用高准确度的树木几何信息学软件计算声速和绘制树木声波传递速率或树木密度图像，进而准确地描述树木内部结构。最终，鉴定报告显示，这株秋枫古树整体长势衰弱，在距离地面不到1m处的木质部腐烂严重，与2020年检测结果对比，内部受损率增加了6%。另外，在距离地面1.3m高处也出现了较为明显的木质部腐烂。专家分析，夏季气温高是叶蝉虫害高发期，这株秋枫古树枝梢枯萎、嫩叶扭曲的症状，是叶蝉所造成的典型病症。另外，叶片上的不规则孔洞则是金龟类食叶害虫造成的。同时，秋枫古树的四周被小乔木、灌木和地被植物包围，通风条件差，也导致病菌滋生，加剧了树体的腐烂。基于此，专家开出了病虫害防治、促根复壮、树洞修补，以及修剪和清理周围小乔木和灌木的处方。对症下药，只用了一个多月，秋枫古树已经复绿复壮了。早在2020年，深圳市坪山区率先完成辖区149株古树的"体检"工作，通过卫星定位手段、PICUS弹性波树木主干空洞检测、TRU树木雷达根系检测和土壤检测等技术手段，对坪山区的149株古树的生长势、采光、土壤、周围植被等状况进行逐一调查、分析，全面摸清和掌握了深圳市坪山区古树名木资源基本情况，为下一步开展"一树一策"专项保护提供了科学依据。

【案例4-6】在广西壮族自治区钦州市浦北县某地，由树龄近170年的楹树和樟树生长在一起组成了"鸳鸯树"。2018年，由于当地村民对古树周围进行了地面硬化而导致这株古树生长衰弱，树干基部已长出腐生菌。而后，当地林业部门实施抢救复壮，通过破拆水泥硬地面及石板砖等多项措施，让古树重新焕发生命活力。

【案例4-7】剑阁县是四川省古树名木最大的集中分布区，其中，蜀道古柏最具规模、最具代表性。2021年6月，剑阁县主要对柳沟镇、武连镇一带108国道两侧、乡镇居民区濒危、衰弱的古树群进行批量抢救复壮。这批古柏地形条件各异，不同程度地存在土壤板结、树脚堆土太高、树干有空洞或者表皮腐朽、树枝干枯、受到病虫害（白蚁）侵袭等多种问题。技术单位按照"一树一策"制订了详细的施救方案，主要采取治理病虫害、树干防腐、换土砌石、埋管透气、围栏防撞和支撑加固、立地环境治理等办法，确保蜀道古柏生机盎然。

4.5 政府主导

4.5.1 政府主导的含义

政府主导原则即地方各级政府对古树保护工作负主体责任，承担领导职责。地方各级政府林业、城市绿化等古树保护主管部门以及其他相关部门按照职责分工做好古树保护管理工作。政府主导既非政府干预，也非政府主宰，而是指政府要发挥主要作用，加大对古树保护事业的投入、监管，促使古树保护事业有序发展。

4.5.2 政府主导的必然性和必要性

古树的公益属性决定了古树保护工作必须由政府主导，建立健全政府主导、绿化委员会组织领导、部门分工负责、社会广泛参与的保护管理机制，才能有效地确保相关工作得以顺利开展。

4.5.2.1 政府主导的必然性

一方面，古树具有公共物品的属性，古树保护的受益方是全社会，古树保护事业为社会公益事业，具有正外部性，存在市场失灵的现状。按照福利经济学的理论，应当由政府来提供古树的保护等公共服务。另一方面，我国古树数量众多，古树保护工作涉及范围广、领域多、难度大，只有在政府主导下，才能协调组织林业、园林、住建、城管、自然资源与规划等相关政府部门共同开展古树保护工作。

4.5.2.2 政府主导的必要性

①如果不实行政府主导，则不利于全面开展调查、管护等工作。只有在政府主导下，才能建立起比较完善的古树保护管理体制和责任机制，各地、各有关部门依据国家相关法规、部门职责和属地管理的原则，进一步加强古树保护管理制度建设。只有在政府主导

下,古树的调查、建档、审批、管理等方面工作方可积极有序地推进,层层落实管理责任,使古树有部门管理、有人养护,实现全面保护。例如,在有关建设项目审批中涉及古树的应积极避让,对重点工程建设确实无法避让的,应科学制订移植保护方案,实行异地移植保护,严格依照相关法规规定办理审批手续;林业、住房城乡建设、园林绿化部门不断加强对古树的日常巡查巡视,全国各地在了解当地古树资源状况的前提下,制定防范古树自然灾害应急预案等;各有关部门不断加强沟通协调,对破坏和非法采挖、倒卖古树等行为,坚决依法依规,从严查处;对构成犯罪的,依法追究刑事责任。

②如果不实行政府主导,则不利于强化科技支撑,提升古树保护技术水平 组织开展古树保护技术攻关,大力推广示范、应用先进养护技术,提高保护成效都需要政府主导,才能建立健全完善的古树保护管理技术规范体系。在政府主导下,有关部门积极开展并不断加大对古树保护管理科学技术研究的支持力度,研究制定古树资源普查、鉴定评估、养护管理、抢救复壮等技术规范,形成详备完整的资源档案,建立全国统一的古树资源数据库,并对古树进行卫星定位,实现在线监测,逐步实现古树网络化管理;建立古树定期普查与不定期调查相结合的资源清查制度,实现全国古树保护动态管理;成立古树保护管理专家咨询委员会,初步建立起一支能满足古树保护工作需要的专业技术队伍,为古树保护管理提供科学咨询和技术支持。因此,如果没有政府主导,古树保护的科技水平难以持续提升,科技支撑无法持续保障,不利于古树保护工作的高效推进。

③如果不实行政府主导,则不利于保障古树保护资金的投入 古树保护是社会公益事业,古树保护中的资源普查、挂牌、养护和复壮等工作需要大量资金支撑,与普通树木相比,保护古树需要投入更多的资金和技术,因此,资金是古树保护事业可持续发展的重要基础。由于政府是社会公益事业发展的主要领导者和管理者,必须充分发挥各级人民政府在古树保护中的领导责任,凸显政府在古树保护中的主导地位。只有实行政府主导,各级政府才可以将古树的保护费用纳入本级公共财政预算,支持古树普查、鉴定、建档、挂牌、日常养护、复壮、抢救、保护设施建设以及科研、培训、宣传、表彰奖励等资金需求。在条件允许的情况下,通过设立专项资金,强化古树保护工作。同时,政府主导有利于建立组织和动员全社会参与古树保护的工作机制和资金投入机制,弥补财政资金的不足。

4.5.3 政府及相关部门应承担的主要职责任务

各级人民政府及古树保护主管部门的行政责任主要包括:

①制定古树保护的规划 县级以上人民政府应当制定专门的古树保护规划,统筹规划本区域的古树保护工作,在制定国土空间规划时,应当在古树保护范围及相邻区域划定建设控制地带。

②推动制定古树保护的相关法律法规 设区的市级以上人民政府及古树保护主管部门应当积极推动古树保护的法律法规建设,建立健全古树保护法律法规及部门规章,推动古树保护的法治化建设。

③开展古树保护的宣传教育 县级以上人民政府古树主管部门应当加强对古树保护的宣传教育,增强公众保护意识。

④设立古树保护专项经费 县级以上人民政府应当将古树保护经费列入本级财政预

算，用于古树调查、认定、建档、挂牌、巡查、养护、复壮、生境改善、抢救、保护设施建设、保险、人员培训、宣传、科学研究等工作。同时，积极推动社会公众参与古树的认捐、认养等工作，不断拓宽古树保护的经费来源。

⑤组织开展古树资源的普查、补充调查、鉴定、认定和公布，建立古树保护档案　县级以上人民政府及古树保护主管部门每十年至少应当组织开展一次古树资源普查，在普查间隔期内适时进行古树补充调查，掌握古树资源变化、养护等情况。县级以上人民政府及古树保护部主管部门应当组织对普查、调查的古树进行鉴定，并按照职责权限和程序对鉴定的古树进行认定和公布。县级以上人民政府古树保护主管部门应当按照"一树一档"要求，建立古树图文档案和电子信息数据库，并对古树资源状况进行动态管理。

⑥划定古树的保护范围，设立古树保护标识与保护设施　县级以上人民政府及古树保护主管部门应当科学划定古树的保护范围，开展古树的挂牌工作，设立古树保护设施。

⑦确定古树日常养护责任人，对日常养护责任人进行培训和监督管理　县级以上人民政府及古树保护主管部门应当建立古树日常养护责任制，根据古树所在位置、权属等情况科学确定古树的日常养护责任人，对日常养护责任人进行技术培训，监督管理日常养护责任人开展日常养护，及时处理日常养护责任人的报告，对日常养护责任人的变更等进行管理。

⑧开展专业养护，对濒危古树开展抢救复壮，制定古树重大危害的应急预案　县级以上人民政府及古树保护主管部门应当定期组织专业技术人员对古树进行专业养护。县级以上人民政府古树保护主管部门在接到古树遭受危害、损害或生长异常、濒临死亡等情况的报告后，应当组织专业技术人员进行现场调查，并及时采取有效措施，进行治理、抢救或复壮。古树的生长状况对公众生命、财产安全可能造成危害的，县级人民政府古树保护主管部门应当采取防护措施消除安全隐患。县级以上人民政府古树保护主管部门应当制定预防重大灾害损害古树的应急预案；在重大灾害发生时，应当及时启动应急预案，采取相应处置措施。

⑨组织开展死亡古树的认定和处置　发现古树死亡的，县级以上人民政府古树保护主管部门应当按照保护管理权限及时组织开展古树死亡认定，查明原因，提出死亡古树的处置意见。

⑩督促建设工程单位落实避让和保护古树的职责　建设工程施工影响古树正常生长的，县级以上人民政府及古树保护主管部门应当督促施工单位采取避让措施或实施保护方案，按照管理权限对保护方案进行审批，督促建设工程单位落实保护古树的责任。

⑪开展古树移植的审批和监督　县级以上人民政府及古树保护主管部门应当按照审批权限，从严审批古树移植，监督移植单位落实责任，对移植古树进行管理，及时更新古树档案，重新确定养护责任人。

⑫开展古树保护的巡查、检查　县级以上人民政府及古树保护主管部门应当建立古树保护巡查、检查制度，定期开展巡查、检查。

⑬建立对破坏古树行为的举报和保护古树的奖励制度　县级以上人民政府及古树保护主管部门应当建立破坏古树行为的举报制度，接受群众举报。建立古树保护的奖励制度，对古树保护成绩显著的单位或者个人给予表彰和奖励。

⑭建立古树保护的补偿和养护补助制度　县级以上人民政府及古树保护主管部门应当

建立古树名木保护补偿和养护补助制度，对相关人员进行补偿和补助。

⑮对古树保护的违法行为进行行政处罚，及时纠正违法行为　县级以上人民政府及古树保护主管部门应当按照权限对违反古树保护相关法律法规的行政违法行为进行行政处罚，及时纠正相关违法行为。

⑯组织开展科学研究、标准制定和技术推广　县级以上人民政府及古树保护主管部门应当组织开展古树保护相关的科学研究，制定相关技术标准，推广先进适用技术。

4.6　社会参与

社会参与是指除古树保护主管部门以外的个人、企事业单位、社会团体、媒体等直接参与古树保护的各项事业，或向政府管理部门反映情况、提供建议、提出要求、表达愿望，进而对古树的保护与管理产生影响的行为。

古树保护是一项社会性很强的公益事业，既需要政府部门的有力行动，也离不开社会各界的广泛参与。社会参与是开展古树保护的重要工作原则，也是古树保护事业健康发展的重要保障：①我国古树资源分布较为分散，大多分布在乡村，单纯依靠古树保护主管部门进行管理的难度较大，很难及时监测古树状况，发现古树遭受的危害损害等行为，要充分发动全社会的力量开展古树保护工作。②当前我国古树保护的经费相对缺乏，虽然部分省市划拨了专门的财政经费用于古树保护工作，但整体而言，古树保护经费的来源不稳定、经费数量不足，要充分调动全社会的积极性，通过捐资、认养等途径扩充了古树保护的经费来源。③通过参与古树保护相关工作，加强人们对古树保护重要性的认识，提升全社会保护古树的意识，减少各类破坏古树的行为，为古树保护事业的可持续发展提供了重要保障。

近年来，各地对社会参与古树保护越来越重视，从目前已经实施的古树保护地方法律法规来看，广西、山东等地在古树保护立法中将社会参与作为古树保护的重要原则。

4.6.1　社会参与的领域

在古树保护中，公众参与的领域划分为制度性参与、社会性参与、经济性参与三个方面。

(1) 制度性参与

制度性参与是指在古树保护与管理中，公众参与和落实古树保护相关制度性文件和制度性程序制定，主要包括参与古树保护相关法律法规和规章制度的制定，在政府主管部门制定相关制度时积极参与，提出可行性的意见或建议；在古树鉴定结果对外公示、古树移植前召开的听证环节等事项中积极参与，推动有关管理制度的执行、落实日常养护制度等。整体而言，在古树的保护与管理中，社会参与的广度和深度有待提升，社会公众仅拥有部分知情权和参与权，没有监督权，公众的参与并没有对政府的决策产生影响。

(2) 社会性参与

社会性参与是指在古树的资源管理、日常养护、保护监督、抢救复壮等技术研究、重要性宣传方面的参与。例如，《北京市古树名木保护管理条例》第六条规定：任何单位和个人都有保护古树名木及其附属设施的义务。对损伤、破坏古树名木的行为，有权劝阻、检举和控告。古树保护的社会性参与主要体现在以下几个方面：①发现没有纳入普查或漏登、漏报的古树，及时将古树相关信息报告古树保护主管部门；②对正在实施的损伤、破坏古树的行为进行劝阻、检举和控告；③发现古树遭受病虫害危害、生长势衰弱、濒临死亡等状况时，及时报告古树保护主管部门；④发现古树有倾倒、断枝等对公众生命财产安全造成损害的隐患时，及时报告古树保护主管部门等。

(3) 经济性参与

经济性参与是指为古树保护提供经济支持，当前已经出台的古树保护地方性法律法规和规章制度中，大多鼓励社会公众通过认捐、认养古树的方式参与古树的保护和管理。一些古树保护相关的公益机构，通过募集资金投入古树的养护复壮、宣传推介等活动中，也是经济性参与的典型形式。

4.6.2 社会参与的形式

(1) 承担日常养护责任

属地管理是古树保护的重要原则。古树的日常养护实行责任制，在实际的保护过程中，按照古树所在地和权属情况确定古树的日常养护责任单位和责任人。例如，生长在机关、团体、企事业单位和文物保护单位、宗教活动场所等用地范围内的古树，由所在单位负责养护；城市居住区、居民庭院用地范围内的古树，由小区物业或街道办事处指定专人负责养护；城市公园用地范围内的古树，由其管理单位负责养护；城市其他公共用地范围内的古树，由城市园林绿化管理单位负责养护；个人所有的古树，由个人负责养护等。古树保护主管部门与日常养护责任人签订养护责任书，日常养护责任人应当按照有关技术规范进行科学养护，防范和制止各种损害古树的行为，及时报告古树遭受的各种危害、损害状况。加强日常养护是保护古树的重要基础性工作，承担古树的日常养护责任是古树保护中社会参与最直接的形式。

(2) 认养古树

认养古树是古树保护中最广泛实施的一种社会参与形式。目前，已经实施的古树保护地方立法中，也将认养古树作为社会参与古树保护的重要形式在法律法规中予以明确。自1995年上海市在全国率先开展认养古树的探索，各地积极开展古树认养的实践，如河北省在全省范围内组织开展古树认养活动。机关、团体、企事业单位和个人，均可自愿参加该活动，成为古树的认养人。认养期限最低为一年，认养人与古树的管护责任单位(或责任人)、所在地的县(市、区)级古树保护主管部门签订认养协议。认养费用遵循双方自愿原则进行协商，原则上不低于300元/(株·年)，古树群不低于3000元/(群·年)，需要采取特殊措施复壮的古树可酌情增加，认养款项由认养人交付给管护责任单位或责任人，实行专款专用，只能用于古树的管护和复壮，并接受认养人以及财务、审计部门监督。认养期间，认养人对认养的古树拥有"冠名权"，标识牌上可写有认养者的姓名、工作单位、认养时间等相关信息，但不得用于任何商业广告宣传。

(3) 捐资、捐献古树保护事业

长期以来，我国古树保护缺乏专门的财政经费来源，目前只有部分省份将古树保护经费纳入地方财政预算，通过发动社会公众捐资等形式筹集古树保护资金成为扩充古树保护资金渠道的重要手段。个人、企业、社会组织等可以通过向古树保护管理部门、古树养护单位、公益基金会等途径进行捐资，用于古树的抢救复壮等工作。例如，2019 年北京市设立古树名木保护专项基金，接受社会各界爱心捐赠。社会捐助资金最先用于北京西山八大处灵光寺内的四株古树的抢救复壮，目前四株古树的长势已大有改观。捐献古树是指将个人所有的古树捐献给国家或集体。古树是森林资源的瑰宝，捐献古树是进一步强化古树的日常养护和抢救复壮责任，更好地保护古树的重要措施。

（4）成立古树保护相关民间组织

成立古树保护民间组织是社会参与古树保护的重要形式。由当地社区居民、热爱古树保护事业的个人、单位等成立护树理事会、古树爱好者联盟、古树保护协会、志愿者服务组织等，推动古树保护事业的发展。通过自发成立古树保护的民间组织，开展古树保护信息和技术交流、宣传古树保护知识、传播古树文化、筹集古树保护资金、开展公益诉讼、协助古树保护主管部门开展相关活动等。

（5）参与古树保护相关论证、听证活动

公众及相关古树保护的社会组织可以通过参与古树保护相关的论证、听证活动参与古树的保护和管理当中。如目前地方出台的古树名木保护法律制度中规定，在古树资源普查、鉴定中，古树的鉴定结果应当向社会公示，社会公众对古树鉴定结果有异议的，可以申请行政复议。对于在普查和资源调查中未登记的古树信息，社会公众可以将掌握的古树信息报告当地古树保护行政主管部门。在涉及古树移植、合理利用方案审批时，古树行政主管部门应当召开相关论证、听证活动，社会公众可以积极参与论证、听证活动。

（6）检举、制止破坏古树的行为

任何单位和个人有检举、制止破坏古树行为的义务和权利。古树数量众多，分布比较分散，古树保护主管部门的日常管理很难及时发现破坏古树的行为，这就需要全社会广泛参与，及时发现、制止和检举各类破坏古树的行为，并报告古树保护主管部门。政府和社会共同参与，形成古树保护的合力。

4.6.3 社会参与的管理

古树保护的社会参与是古树保护事业健康发展的重要保障，加强古树保护社会参与的管理是形成良好的社会参与保护古树的氛围、有序开展古树保护的重要举措。①要积极鼓励社会公众参与古树保护事业。2016 年全国绿化委员会《关于进一步加强古树名木保护管理的意见》明确提出"将古树名木保护管理纳入全民义务植树尽责形式，鼓励社会各界、基金、社团组织和个人通过认捐、认养等多种形式参与古树名木保护"。各地出台的古树保护法律法规也对鼓励社会参与进行了规定。②要保障社会公众参与古树保护的合法权益。古树保护主管部门应当加强古树保护相关信息的公开透明化，让社会公众能够及时了解当地古树的资源状况和保护状况；对涉及公众切身利益的，应开展相关论证、听证会议，充分听取和吸纳社会公众的意见和建议。③建立政府和社会的良性互动。社会参与应当与古树保护主管部门加强沟通和协作，积极配合主管部门开展古树保护各项行动；个人和单位在检举破坏古树的违法行为时，古树保护主管部门应当及时受理。政府部门和社会各界应建立工作的协作机制，共同推动古树保护事业的健康发展。④对捐献古树以及保护古树成绩显著的单位或者个人，给予表彰和奖励。

4.6.4 社会参与的激励机制

(1) 精神激励

榜样能够激发无穷的力量,是大众学习的方向与赶超的目标,能够起到巨大的激励作用。古树保护与管理中社会参与的榜样激励是指政府在社会参与中选择表现突出的个人或单位,对其进行荣誉表扬,进而调动公众参与积极性的方法。这样就使得公众参与古树的保护与管理同一些内在因素,如成就感、认同、进步相联系,使得这些内在因素成为激励公众参与古树保护管理的动机。①可以在全国绿化委员会、林业和园林等部门已经设立的全国绿化劳动模范、国土绿化突出贡献人物、先进单位、全国城市绿化先进集体、先进个人等表彰奖励中纳入从事古树保护工作的相关单位和个人。②加强对古树保护管理作出突出贡献的单位和个人的宣传力度,通过官方媒体、自媒体、节庆活动等宣传先进事迹,满足其对成就感、个人价值实现的需求,也为公众建立了良好的榜样,在潜移默化中影响公众的保护意识。

(2) 折抵全民义务植树任务

全民义务植树是指中华人民共和国公民,男十一岁至六十岁,女十一岁至五十五岁,除丧失劳动能力者外,按照有关规划、标准和技术要求,无报酬地以直接或者间接方式履行植树义务的行为。2017年,全国绿化委员会印发的《全民义务植树尽责形式管理办法(试行)》对全民义务植树尽责形式的规范、折算及相关管理工作进行了详细的规定。其中,第四条第四项明确规定"认养和保护古树名木1株,折算完成3株植树任务"。社会参与古树保护的相关行为可以作为折抵全民义务植树的任务。今后,各地可以针对社会参与古树保护的其他行为,折算全民义务植树任务的具体细则,不断调动全社会参与古树保护的积极性。

(3) 经济激励

经济激励是指对投入到古树保护与管理中,为古树能够得到更好的保护与管理而作出贡献的个人、企业、组织等提供物质上的奖励。鼓励各地通过设立专门的奖励基金等形式对古树保护作出突出贡献的个人、企业和组织进行奖励。有效的经济激励并不仅仅是直接给予被激励者资金,还可以通过间接的经济手段调动参与的积极性。如通过鼓励银行向参与古树保护的企业提供融资服务,给予相关企业税收优惠等措施,以此带动其参与古树保护的积极性。

思考题

1. 古树保护管理的基本原则包括哪些?
2. 全面保护的含义是什么?为什么要实行全面保护?
3. 简述全面保护与合理利用之间的关系。
4. 原地保护的含义是什么?为什么要实行原地保护?
5. 论述对古树保护实行属地管理的必要性。
6. 科学养护的基本要求是什么?请列举一两个科学养护原则在古树保护管理工作中的应用案例。

7. 政府主导原则的含义是什么？请论述政府主导的必要性。
8. 古树保护为什么实行社会参与原则？社会参与的形式以及激励机制有哪些？

推荐阅读书目

自然资源权体系及实施机制研究：基于生态整体主义视角. 刘卫先. 法律出版社, 2016.
北京市古树名木保护与管理中的公众参与机制研究. 田明华. 中国林业出版社, 2020.
林业经济学(第2版). 沈月琴, 张耀启. 中国林业出版社, 2020.

第5章 古树资源管理制度

本章提要

古树资源管理制度是对古树资源进行严格保护和有效管理的基础和保障。古树资源管理制度包括普查和补充调查制度，鉴定、认定和公布制度，档案管理制度和死亡处置制度。本章阐述了古树资源普查及补充调查的概念、主要目的和内容，组织实施及普查周期，主要技术环节；古树鉴定、认定和公布的重要意义和权限规定；古树档案的类型及管理方式；古树死亡的判定标准及死亡处置的流程和类型等内容。

5.1 普查和补充调查制度

5.1.1 古树资源普查制度

5.1.1.1 古树资源普查的概念、主要目的及主要内容

古树资源普查是指按照古树普查技术规范，由各级人民政府或古树保护主管部门负责，以县（市、区）为单位，逐村、逐单位、逐株进行真实、准确的全覆盖实地实测，建立完整的古树普查档案，实现对古树的动态监测与跟踪管理。

古树资源普查的主要目的是掌握古树资源数量、种类和分布的总体情况与动态，了解古树在历史、文化、科研等诸多方面的价值，掌握古树生长状况和日常管护情况，总结古树保护管理中的经验和存在问题，为制定古树保护法律法规、政策文件、管理措施，以及合理保护古树提供科学依据。

古树资源普查是加强古树保护的基础性工作，其主要内容包括：①古树资源数量、种类和分布的总体情况与动态；②古树的树种、树龄、保护级别、生长地点、生长环境和生长状态；③古树的历史文化、种质资源、生态、科学、景观和经济价值；④古树保护与管理状况。

5.1.1.2 古树资源普查的重要性

扎实做好古树资源普查工作，及时掌握资源变化动态，不仅是组织开展古树保护工作的重要基础，也是古树认定、公布、建档、挂牌等工作的重要前提。只有准确掌握树种、树龄、保护级别、生长地点、生长环境、生长状态等古树基本信息，以及古树价值、资源数量、种类和分布总体情况与变化动态，才能为古树保护相关的政策文件制定和管理措施落实提供科学依据。目前，公众对古树的认识尚未完全到位，确实存在对未挂牌古树不知情而导致某些损害古树的行为发生。因此，在古树资源普查的基础上，按照有关规定鉴定、认定和公布，并进行挂牌，将古树相关信息向社会公开，在明确告知公众古树信息的前提下对古树进行全面保护。《最高人民法院关于审理破坏森林资源刑事案件具体应用法律若干问题的解释》（法释〔2000〕36号）提到："刑法第三百四十四条规定的'珍贵树木'，包括由省级以上林业主管部门或者其他部门确定的具有重大历史纪念意义、科学研究价值或者年代久远的古树名木……"可以看到，在司法解释中着重指出了已经被确定的古树名木适用于刑法第三百四十四条规定。同时，司法机关在相关实际案件处理中也强调了古树是否经依法认定和公布是定罪处罚的重要条件之一。个别地方法规中的规定也具有一定借鉴意义。如《四川省古树名木保护条例》中关于适用范围的规定强调了"经依法认定和公布"。《浙江省古树名木保护办法》关于本办法所称古树和名木的定义也强调了"经依法认定"。由此可知，认定和公布是对古树实行全面保护的一个非常重要的环节，而认定和公布的一个前提条件就是要扎实做好古树资源普查，摸清古树资源情况，方可依法依规进行鉴定、公示、认定、公布和挂牌。

5.1.1.3 古树资源普查的组织实施及普查周期

(1) 古树资源普查的组织实施

古树保护管理实行政府统一领导、部门分工负责制。考虑到古树保护现有的管理体制、管理办法，各地充分吸纳多年古树资源普查工作中行之有效的经验和措施，形成了符合各地实际工作需要的古树资源普查组织实施体系。主要可分为以下3种类型：

①由人民政府负责组织开展资源普查 《江西省古树名木保护条例》规定，县级以上人民政府应当对本行政区域内的古树名木进行资源普查。《广西壮族自治区古树名木保护条例》规定，县级以上人民政府应当组织古树名木主管部门，对本辖区内的古树名木开展普查。《四川省古树名木保护条例》规定，县（市、区）人民政府应当组织开展对本行政区域内古树名木的普查工作。

②由绿化委员会组织古树保护主管部门开展资源普查 有的地方规定，由县级以上人民政府绿化委员会组织古树保护主管部门开展资源普查。例如，《安徽省古树名木保护条例》规定，县级以上人民政府绿化委员会应当组织林业、城市绿化行政主管部门每5年对本行政区域内古树名木资源进行普查。有的地方规定，由县级人民政府绿化委员会组织古树保护主管部门开展资源普查。例如，《河北省古树名木保护办法》规定，县级人民政府绿化委员会应当组织本级人民政府古树名木主管部门，每5年对本行政区域内的古树名木资源进行一次普查。

③由古树保护主管部门负责组织开展资源普查 其中，有的地方规定，由省级古树保

护主管部门负责组织开展资源普查。例如，《福建省古树名木保护管理办法》《贵州省古树名木大树保护条例》规定，省人民政府古树主管部门负责组织开展本行政区域古树资源普查。有的地方规定，由市级古树保护主管部门负责组织开展资源普查。例如，《上海市古树名木和古树后续资源保护条例》规定，区管理古树名木的部门应当定期在本辖区内进行古树、名木和古树后续资源的调查。有的地方规定，由县级以上古树保护主管部门负责组织开展资源普查。例如，《浙江省古树名木保护办法》《湖北省古树名木保护管理办法》《山东省古树名木保护办法》均规定，县级以上古树名木行政主管部门应当对本行政区域内的古树名木资源进行普查。有的地方规定，由县级古树保护主管部门负责组织开展资源普查。例如，《陕西省古树名木保护条例》《海南省古树名木保护管理规定》规定，县级古树名木行政主管部门对本行政区域内的古树名木资源开展定期普查。

编者认为，国家应尽快推进古树保护立法工作，明确由全国绿化委员会统一组织古树普查工作。同时，根据古树资源普查工作的实际需要，可以在普查工作组织实施体系中成立古树资源普查领导小组和专家技术小组。领导小组成员由林业、城市绿化等主管部门相关人员组成，负责组织协调本地区古树保护主管部门开展具体的普查工作。专家技术小组成员由高校和科研院所相关专家组成，负责对普查中出现的疑难问题进行论证解答，以及开展实地核查工作。

(2) 古树资源普查周期

按照国家林业局2016年发布的中华人民共和国行业标准《古树名木普查技术规范》(LY/T 2738—2016)规定，每十年进行一次全国性的古树名木普查，地方可根据实际需要适时组织资源普查。目前，全国各地已出台的古树名木保护条例(管理办法)对资源普查周期作了相关规定，可以分为三种类型：①安徽、新疆、江西、河北、海南等地均规定每五年普查一次或至少普查一次；②陕西、贵州、四川、广西、福建等地均规定每十年普查一次或至少普查一次；③尚有北京、上海、天津、江苏、浙江、山东、湖北等地对普查周期未做明确规定。

5.1.1.4 古树资源普查的主要技术环节

古树资源普查的技术环节包括普查前期准备，现场观测与调查，内业整理，数据核查、录入、上报和资料存档。

①普查前期准备 主要包括组建由现场观测与调查技术人员和内业整理技术人员组成的资源普查团队，以及相关技术培训，并准备现场观测与调查器材及内业整理器材、普查辅助资料。

②现场观测与调查 以县(市、区)为实施单位，要求对县(市、区)范围内的单株古树进行现场观测，确定树种、树龄、位置、权属、生长势、保护价值、保护现状等，并填写古树名木调查表。

③内业整理 主要包括确定古树特征代码，以及在完成现场观测与调查的基础上，对调查数据进行汇总，并填写古树清单。

④数据核查、录入与上报 主要包括县级古树数据核查、录入与上报，市级古树数据核查、录入与上报，省级古树名木数据核查、录入与上报。

⑤资料存档 主要包括普查档案建立和普查档案管理。县(市、区)、市(地、州)、

省(自治区、直辖市)各级普查工作结束后,应建立完整的普查档案,包括普查文字档案、影像档案和电子档案,并由专人管理。严格执行档案借阅、保密等管理制度,杜绝档案资料丢失现象。

5.1.2 古树资源补充调查

5.1.2.1 古树资源补充调查的概念、主要目的及内容

古树资源补充调查是指在古树资源普查的间隔期内,由各级人民政府或古树保护主管部门组织的小范围、小规模的或是针对特定区域内的古树资源调查,或是对社会各界报告和新发现的古树资源调查登记。

古树资源补充调查的主要目的是准确掌握古树资源动态变化情况,了解特定区域内的古树资源情况,掌握古树日常管护中的经验做法和存在问题,及时更新古树资源档案。

古树资源补充调查与资源普查之间存在怎样的关系?《全国绿化委员会关于进一步加强古树名木保护管理的意见》(全绿字〔2016〕1号)指出,在普查间隔期内,各地要加强补充调查和日常监测,及时掌握资源变化情况。古树资源补充调查是对资源普查的及时补充和完善。一方面,对已有登记在册的古树资源信息发生变动的,进行相应的信息更新,对特定区域内的古树资源进行小规模、小范围的调查;另一方面,对社会各界报告和新发现的古树资源调查登记。补充调查仅在调查对象、范围、规模等方面与资源普查存在一定差异,具体调查内容与资源普查基本一致,包括:①古树资源数量、种类和分布的总体情况与动态;②古树的树种、树龄、保护级别、生长地点、生长环境和生长状态;③古树的历史文化、种质资源、生态、科学、景观和经济价值;④古树保护与管理状况。

5.1.2.2 及时针对新发现的古树资源进行补充普查

《全国绿化委员会关于进一步加强古树名木保护管理的意见》(全绿字〔2016〕1号)提到,对新发现的古树名木资源,应及时登记建档予以保护。我国有关省(自治区、直辖市)已出台的古树名木保护条例(管理办法)均明确提到,鼓励单位和个人向古树名木主管部门提供未经认定和公布的古树名木资源信息,古树名木主管部门应当及时组织调查,经鉴定属于古树资源的,应当开展认定、公布、备案和建档等工作。目前,针对社会各界报告的古树资源信息进行调查登记,各地做法不一。

有的地方规定,由县级古树保护主管部门进行调查登记。例如,《四川省古树名木保护条例》《贵州省古树名木大树保护条例》《福建省古树名本保护管理办法》均规定,单位和个人向古树名木主管部门提供未经认定和公布的古树名木资源信息的,县级人民政府古树名木主管部门应当及时组织调查、鉴定和申请认定。

有的地方规定,由接到报告的古树保护主管部门进行调查登记。例如,《河北省古树名木保护办法》《安徽省古树名木保护条例》规定,鼓励单位和个人向县级以上人民政府古树名木主管部门报告发现的古树名木资源,接到报告的古树名木主管部门应当及时进行调查。《山东省古树名木保护办法》《湖北省古树名木保护管理办法》《广西壮族自治区古树名木保护条例》规定,鼓励单位和个人向古树名木主管部门报告新发现的古树名木资源,接到报告的古树名木主管部门应当及时进行调查。《海南省古树名木保护管理规定》规定,单

位和个人向市、县、自治县古树名木主管部门报告未登记的古树名木的，古树名木主管部门应当及时调查和建档。

5.1.2.3 古树资源补充调查的主要流程

古树资源补充调查的主要流程与资源普查的主要流程基本一致，包括补充调查前期准备，现场观测与调查，内业整理，数据核查、录入、上报和资料存档。

5.2 古树的鉴定、认定和公布

5.2.1 古树的鉴定与认定

古树鉴定是一项技术性工作，在对古树资源进行普查和补充调查时，由古树保护主管部门组织相关专业人员到现场按照鉴定规范进行树种、树龄、生长势等方面鉴定，并出具《古树鉴定意见书》。古树认定是一项管理性工作，在古树鉴定完成后，根据古树级别，分别报相应人民政府或主管部门经过一定程序进行确认。

对古树进行鉴定和认定是惩处破坏珍贵树木资源犯罪活动的法律依据。《最高人民法院关于审理破坏森林资源刑事案件具体应用法律若干问题的解释》已于2000年12月11日起开始施行。其中明确提到："刑法第三百四十四条规定的'珍贵树木'，包括由省级以上林业主管部门或者其他部门确定的具有重大历史纪念意义、科学研究价值或者年代久远的古树名木，国家禁止、限制出口的珍贵树木以及列入国家重点保护野生植物名录的树木。"司法机关在相关实际案件处理中也强调了，古树是否经依法认定和公布是定罪处罚的重要条件之一。

可见，在惩处和打击破坏珍贵树木资源犯罪活动中，树木身份的确定是重要的前置条件。只有当古树名木有了合法的"身份"和认可，相关犯罪活动的司法鉴定才能有科学的依据，古树资源才能得到有效保护。

5.2.2 古树的公布

古树的保护与管理需要公众广泛知晓和参与，依据《中华人民共和国政府信息公开条例》（2019年中华人民共和国国务院令第711号修订），行政机关应主动公开古树相关信息。

公开渠道包括政府公报、政府网站或者其他互联网政务媒体、新闻发布会以及报刊、广播、电视等途径。根据《中华人民共和国立法法》的有关规定，在政府公报上刊登的政府规章文本与正式文件具有同等效力。因此，政务刊物上公布的古树名录在形式上最为正式，绵阳市、西安市、武汉市、莆田市等地在公布古树名录时采用了这一方式。从受众面和时效性来看，各级政府网站是公布古树信息最便利的平台。同时，行政机关应及时向国家档案馆、公共图书馆提供主动公开的古树信息，为公民、法人和其他组织检索、查阅和获取古树信息提供便利和优质服务。

对古树进行公布是进行科学管理、资源保护、法制宣传的基础。在古树鉴定和认定之后，主管部门需要通过各种渠道对它们的身份进行公布。古树保护工作中，遵循政府主导、绿化委员会组织领导、部门分工负责、社会广泛参与的保护管理机制。可见，在对古树进行依法保护和科学管理过程中，需要多个部门的协调。因此，对古树进行公开，便于相关管理部门达成共识，进行科学的保护。

对古树进行公布可以引起全社会高度重视，在舆论和经费上获取支持。古树保护是一项社会性很强的工作，需要大量的资金投入和多个部门的协调，也需要社会的广泛关注与参与。对古树资源进行及时公布有利于动员社会各方力量参与古树保护工作，建立广泛的群众基础，强化全民的古树保护意识，也有利于进行多方面的保护资金筹集，以补充古树保护管理经费的不足。

对古树进行公布可以避免日常各种无意的破坏行为。我国有大量的古树生长在农村居民的房前屋后，如果没有相关的古树认定和公布工作，居民在采伐自留地和房前屋后的零星林木、排放污水或淤泥时，可能对古树造成无意的破坏。在古树上乱刻乱划、拴绳挂物、乱搭建筑物或堆放物品现象也比较普遍，使得许多古树生长在恶劣环境中。对古树进行公布，可以避免日常生活中非主观故意的违法违规行为。

5.2.3 古树鉴定、认定和公布的权限规定

根据我国部分省（自治区、直辖市）已出台的古树名木保护条例（管理办法），关于古树的鉴定、认定（确认）和公布等流程主要可以分为5个类型：

①由绿化委员会组织鉴定，报同级政府认定后公布 《安徽省古树名木保护条例》规定，一、二、三级古树（名木按一级古树管理）分别由省、市、县级绿化委员会组织同级古树名木保护主管部门鉴定，报同级人民政府认定后公布。

②由各级古树保护主管部门组织鉴定，报同级政府部门同意后公布 《江西省古树名木保护条例》规定古树名木按保护等级分别由省、市、县级古树名木保护行政主管部门组织鉴定，并报同级政府同意后予以公布；《贵州省古树名木大树保护条例》规定所有鉴定均由省级主管部门负责认定，报省人民政府批准并向社会公布。

③由县级古树保护主管部门鉴定并公示，按保护等级分别由省、市、县级人民政府认定并公布 这一类型较多，有广西、山东、浙江、四川、海南5个省份。

④由省级主管部门统一组织鉴定，按保护等级分别由省、市、县级人民政府认定并公布 属于这一类型的是湖北省。

⑤其他类型 如《北京市古树名木保护管理条例》规定，本市古树名木由市园林绿化主管部门确认和公布。《河北省古树名木保护办法》规定，县级人民政府古树名木主管部门负责组织本行政区域内古树名木的认定工作。

编者认为，县级人民政府古树保护主管部门负责对普查、补充调查的古树组织鉴定并对外公示鉴定结果。根据古树保护级别的高低，分别由省、市、县级人民政府古树保护主管部门认定，报同级人民政府批准后公布。各地古树目录及相关信息应当逐级上报国务院古树保护主管部门备案。

5.3 古树档案管理

古树档案是在古树保护活动中形成的，对国家和社会有查考、利用和保存价值的各种

形式、各种载体的历史记录,属于机关履行行业特有职责形成的专业档案,包括传统载体档案和电子档案。对古树(古树群)进行调查之后,需要对古树建档立案,形成完整的图文档案、影像档案和电子档案,以系统地记载调查区域内古树资源总量、种类、分布状况和生长情况。

5.3.1 古树档案类型

古树的建档工作应伴随外业调查的进度而进行,以避免时间拖得太久发生资料丢失或混淆情况。完整的古树档案应当包括:政策文件档案、普查、补充调查与古树资源档案、日常养护与专业养护档案、移植审批档案、建设工程避让及保护档案、死亡处置档案、标准体系档案等,档案的类型包括图文档案、影像档案和电子档案。

在建立图文档案、影像档案和电子档案时,依据《古树名木代码与条码》(LY/T 1664—2006)的要求和内业整理的资料,编制古树(古树群)的主体代码和特征代码,并生成一维码或二维码,以方便管理和查询。

5.3.2 古树档案建立和管理

古树属于森林资源的范畴,古树资料存档参照《森林资源档案管理办法》执行,专人负责、分级管理、及时修订、逐年统计上报,并严格执行档案借阅、保密等管理制度,杜绝档案资料丢失的现象。

由于一些古树生长在交通不便的偏远山区或自生自灭不为人知,遗漏和不够准确的情况在所难免。随着时代进步和科技发展,会有更精确的新技术用于树龄确定或地理坐标的更新。按照《全国古树名木普查建档技术规定》,古树的档案资料应每五年进行更新。档案更新中需要重点关注的内容包括:①场所性质发生改变的,或者地址发生改变的,需要进行相应更新,以免后期调查困难;②对树龄进行及时更新,即按自然增加规律,对树龄进行更新,或者当精度更高的技术方法出现,对树龄进行更新;③对缺失的资料或者不精确的资料进行修订,如用精度更高的坐标和海拔替代原有数据;④补充新发现的古树;⑤更新古树的生长情况和人为扰动情况等。

5.3.3 古树信息管理系统

传统的古树信息管理方法是较为粗放和传统的,大多采用笔记、纸质档案的方式进行。传统的古树档案管理方式存在材料和数据保存难、查询难、无法及时更新等突出问题,无法及时有效地指导古树的养护管理。因此,需要采用信息化手段实现管理手段的信息化、精细化,促进管理方式的转变。古树信息化是"3S"、互联网、物联网和大数据等现代信息技术在古树保护管理工作中的不断应用,是与古树保护管理实际工作深入融合的过程,涉及古树资源的普查、鉴定、建档、管理等各个环节。

为了统筹管理我国的古树资源,2017年,全国绿化委员会办公室组织开发了全国古树名木信息管理系统,该系统设置了国家级、省级、市级和县级共四级用户,其中,全国绿化委员会办公室主要进行古树常用树种设置、综合查询、地图浏览和统计分析;省级古树行政主管部门主要进行省级区域内古树资源的查询、地图浏览、常用树种设置、统计分析和用户管理;市级古树行政主管部门主要进行市级区域内古树资源的审核、查询、统计分析、地图浏览和用户管理；县级古树行政主管部门主要负责收集和维护古树的数据，负责每木调查、古树群调查、树种鉴定、行政单位等基础数据的录入。全国古树名木信息管理系统的建立，实现了古树资源的调查建档、信息变更、古树会诊、数据审核等一体化、全方位管理等多种功能，加强了古树信息的动态监测，使管理规范化、标准化、信息化。依托全国古树信息管理系统可以方便地掌握我国古树资源总量、种类、分布状况，充分发挥古树在生态、科研、人文、地理、旅游诸多方面的价值，为制订古树保护措施提供科学依据。

部分地方结合本地的古树保护管理实际情况，建立了本地区的古树保护管理信息系统。例如，2017年广东省正式上线了广东古树名木App。"广东古树名木"平台目前已经拥有网页版、桌面版、苹果版App、安卓版App。"广东古树名木"平台可以通过App定位，查看到周边的古树名木，也可以点击页面上方的"搜索"直接输入树种或地名。点开地图上的古树名木图标后，会显示该古树名木的详细信息和高清照片。2020年，湖南省上线了湖南古树名木信息管理系统及其App。通过湖南古树名木信息管理系统网页平台，用户可以按授权使用古树位置查询、路线导航、建档维护、统计分析、认养认护、视频监控、树种鉴定、生成二维码和申请专家会诊等功能，公众还可以在网页平台的"古树风采""乡愁情怀""在线图册""宣传片"等栏目内通过图文信息、VR、PDF文件、在线视频等欣赏三湘大地的古树名木风姿。为提高用户使用感受，古树名木信息管理系统地图采用了遥感影像（2010、2013、2016—2019、即时版影像）、天地图影像、天地图政区、湖南影像、湖南政区5种影像地图，用户在浏览时可自由对比选择。点开地图上的古树名木图标后，会显示该古树名木的图文建档信息、典籍故事和科普知识，并进行位置导航。授权用户还可以通过湖南古树名木App实现数据采集、轨迹记录、因子维护、树种鉴定、专家会诊等功能。目前，该系统已完成218 882株古树名木数据的规范整理进库，数据有效导入率达到92%。

5.4 古树死亡处置

5.4.1 古树死亡判定标准

古树死亡是古树保护工作中非常重要且时有发生的事件。当今极端气候事件、病虫害等生物干扰、人为因素等诸多方面均有可能导致古树死亡。因此，在进行古树死亡处置之前都涉及一个基本问题，即如何判定古树是否死亡。

在古树保护实践中，观察古树表观特征是一种常用的判断古树是否死亡的方法。主要的死亡特征包括腐烂的树干折断倒下或完全消失；树木顶冠层枯损，无活性的叶或芽；茎干持续零增长或茎上未观察到活组织。中华人民共和国林业行业标准《古树名木鉴定规范》（LY/T 2737—2016）规定，生长势是指树木生长发育的旺盛程度和潜在能力，用叶片、枝条和树干的生长状态来表征。判定为死亡株的标准为无正常叶片，枝条枯死、无新梢和萌条，树干枯死。北京市地方标准《古树名木评价规范》（DB11/T 478—2022）中提到，常绿树种的死亡判定标准需同时满足3个条件，即叶片枯黄或脱落，主干主枝全部枯死，无任何萌蘖。落叶树种的死亡判定标准需同时满足3个条件，即生长期内叶片枯黄或脱落、主干主枝全部枯死、无任何萌蘖。

5.4.2 古树死亡的处置流程

古树死亡处置是古树保护管理工作中非常重要的一个环节，必须严格把握古树死亡处置的流程，防止因为利益诱惑或其他原因，人为主观损害古树至死。任何单位和个人不得擅自处理未经古树保护主管部门确认死亡的古树。发现古树已死亡，养护责任人应当及时报告古树保护主管部门，说明古树的名称、级别、编号、生长地点等主要信息。古树保护主管部门在接到报告后，应及时组织专业技术人员进行核实、确认，查明原因和责任，依据古树所具有的科学、文化等价值，提出处置意见。确有价值的，可继续保留。确认死亡且无继续保留价值的，可由所有权人依法依规处置，并在古树档案和名录中注销。原古树保护范围内的用地应栽植同种或其他适生树种，不得擅自挪作他用。需要特别指出的是，如果是因为人为主观原因导致古树死亡的，应依法依规追究当事人的责任。

【案例5-1】2021年6月，湖南某地2株挂牌古樟树异常枯死，巡逻的护林员发现了异常，树叶突然全部掉落，这些特点显然不符合古树正常死亡的特点。……接到镇政府反馈后，森林公安摸排发现，这背后指向了一条犯罪链，有人打起了毒死活树再倒卖牟利的主意，经过一年多的侦查，警方查明了毒害古树团伙5个，抓获犯罪嫌疑人20人，在湘赣两省9县查明涉案古树43株，其中有35株遭到毒害。据警方介绍，此案涉及多个利益链条，毒树人与一些村民勾结，取得采伐证后，再把古树贩卖给中间商，中间商再卖给闽浙一带的加工厂。

目前，针对由哪个部门来确认古树死亡，全国各地的规定略有差异，主要分为5个类型。

①报省级古树保护主管部门确认　如北京、上海均规定，发现古树名木死亡的，应当报经市古树名木行政主管部门确认，查明原因、责任，方可处理。

②报县级古树保护主管部门确认　如江西、广西、四川、贵州、河北、浙江、福建、山东、湖北等地均规定，古树名木死亡的，养护责任单位和个人应当及时报告县级古树名木主管部门。县级古树名木主管部门应当在接到报告后进行调查、核实，查明原因，明确责任。县级古树名木主管部门确认已死亡的予以处理、注销，浙江、福建要求按古树名木等级报相应古树名木主管部门予以注销。山东、湖北规定应当按照原审核程序报上级古树名木主管部门备案。新疆强调，须报经地、州、市以上绿化委员会审核批准后，方可处理。同时，贵州还要求，死亡的古树名木由县级人民政府古树名木大树主管部门采取措施消除安全隐患后保留原貌予以保护；确需处置的，由省人民政府古树名木大树主管部门组织有关专家和专业人员论证确认处置方案后，按照处置方案进行处置。

③报县级古树保护主管部门并由其按照管理级别报有管辖权的主管部门确认　如陕西规定，古树名木死亡的，养护责任单位或者个人应当及时报告县级古树名木行政主管部门。县级古树名木行政主管部门按照管理级别报有管辖权的古树名木行政主管部门，由其在5个工作日内组织专业技术人员进行确认，查明原因和责任后注销档案，并报本级人民政府绿化委员会备案。具有景观、文化、历史等特殊价值的古树名木死亡，经古树名木行政主管部门确认后，由有关管理单位采取措施处理后予以保留。

④按照古树保护级别报告相应的古树保护主管部门确认，并报本级人民政府绿化委员

会备案　如安徽规定，古树名木死亡的，养护责任单位或者个人应当按照古树名木保护级别，及时报告相应的林业、城市绿化行政主管部门。林业、城市绿化行政主管部门应当在接到报告后5日内组织专业技术人员进行确认，查明原因和责任后注销登记，并报本级人民政府绿化委员会备案。

⑤报市、县古树保护主管部门确认，并报省人民政府绿化委员会备案　如海南规定，古树名木死亡的，日常养护责任人应当及时报告市、县古树名木主管部门。市、县古树名木主管部门应当自接到报告之日起10个工作日内组织专业技术人员进行确认，查明原因和责任后注销档案，并报省人民政府绿化委员会备案。

编者认为，发现古树死亡的，日常养护责任人应当立即报告县级古树保护主管部门。根据古树保护级别的高低，分别由省、市级人民政府古树保护主管部门组织确认，查明原因和责任，依据古树所具有的科学、文化等价值，提出处置意见。对于需砍伐处置的，要在古树名录中注销；对于现状保留的，要在古树名录中备注。

【案例5-2】广西壮族自治区某地的3株古树枯死。相关部门工作人员到现场进行勘验。并对3株古树作出《古树名木死亡确认决定书》，认为其中2株古树是因为树旁建房和地面硬化严重而导致死亡，另外1株主要是因树旁搞地基建设和焚烧垃圾而导致死亡。在现场，当地行政审批局受领了村里递交的《某市砍伐城市树木审批申请表》。随后，古树保护专家进行现场勘验，结果与林业和园林局相关专业人员意见一致。勘验完毕后，当地行政审批局将《砍伐城市树木行政许可证》送交有关村民手上，许可砍伐这3株古树，有效期60天。砍伐后，按补栽计划要求进行补种。

5.4.3　古树死亡的处置类型

古树遵循着生长、衰老的自然规律，当它们最终因各种原因被确认死亡后，应依法依规进行处置。处置类型主要有原地保留、立遗址标识、补栽、作为攀缘植物的支撑物、移除5种类型。

①原地保留　鉴于古树具有巨大的历史文化价值，一般应将其遗骸保存在原处。如上海松江区松树乡1株被乾隆皇帝命名为"江南第一松"的古树遗骸，经过多年风雨后，当地政府搭建设施将其保护，永久保存。河北冉庄地道战遗址的古槐枯桩也在原地保存。有些古树遗骸还能起到警示作用，如河南嵩山风景名胜区甘露台遗址上的古柏在多年前当地农民焚烧秸秆时被烧死，现在仍保留在原地，警示人们要善待古树。

②立遗址标识　古树遗骸到一定年限会腐朽，可设立古树碑，碑上记载古树自身及相关史实、轶闻，供人们参观回忆。如云南从江县1株古樟树被征用，就在原地立碑以示纪念。

③补栽　在古树遗址补栽同树种也是一种很好的处理办法。随着时间的推移，小树可以长大，再辅之相关介绍，可以唤起人们对原有古树的思念，以"百年树木"的信念，更加悉心呵护补栽的树木，期待它也健康生长为古树。例如，北京北海公园团城西北侧的"探海侯"古松死后被伐除，于1987年选定一株形似的30年生松树栽在遗址处，经过数十年，现已初具形象，填补了该景点的缺憾。

④作为攀缘植物的支撑物　在公园、寺庙、风景名胜区等地游人的密度较大，死亡的古树可以选择保留，进行防腐基础加固处理后，补栽紫藤、凌霄等攀缘观花植物，常可收

到较好的景观效果。例如，北京中山公园的数株古柏和北京北海公园琼华岛白塔前的已故古柏爬满紫藤，每当春季开花时节，特别引人注目。

⑤移除　古树死后经过有关部门鉴定，查明死因后，如果其对人们生命财产安全可能造成危害，且采取措施后仍无法消除隐患，应及时伐除。

思考题

1. 古树资源普查和补充调查的概念、主要目的及内容是什么？
2. 简述古树资源普查和补充调查的主要技术环节。
3. 古树鉴定、认定与公布的重要意义包括哪些？
4. 古树档案主要有哪些类型？古树档案更新中需要重点关注的内容包括哪些？
5. 古树死亡处置的流程和类型有哪些？
6. 请结合所学知识和实践，思考古树死亡处置的类型还有哪些？

推荐阅读书目

森林资源调查方法与应用. 马蒂著. 黄晓玉，雷渊才译. 中国林业出版社，2010.

森林资源资产评估(第2版). 郑德祥. 中国林业出版社，2022.

第 6 章　古树保护管理制度

本章提要

　　古树保护管理制度包括古树保护规划制度、古树分级保护制度、古树养护制度、建设工程避让与移植管理制度、古树保护资金投入制度、古树保护补偿和日常养护补助制度、古树合理利用以及古树保护巡查检查制度。本章阐述了古树保护规划的必要性、主要原则和主要过程；古树分级保护的必要性和主要原则、内涵；古树的日常养护责任制和专业养护制度；建设工程避让古树的必要性，建设工程无法避让的古树保护方案申请及审批或备案，古树移植的危害及特殊情况下古树移植的条件、申请和审批；古树保护的资金概况和主要来源，以及资金多元投入机制创新；我国生态补偿制度现状和问题，建立古树保护补偿和补助制度的必要性和重要性，理论和政策依据，古树保护补偿的范围、主体和对象、标准以及途径和方式，古树日常养护补助的主体和经费来源；巡查检查的重要意义和主要内容。

6.1 古树保护规划制度

6.1.1 制定古树保护规划的必要性

　　制定古树保护规划是古树保护事业健康发展的重要指引，十分必要：①制定古树保护规划是推进古树保护事业健康发展的重要前提。在新时代推进古树保护事业健康发展，需要强化顶层设计、整体布局我国古树保护事业的发展方向、着力点、主要措施等。②制定古树保护规划是明确古树保护事业发展思路和战略重点的需要。古树保护是一项系统工程，涉及法律法规制度体系、管理制度、资金投入、养护复壮、科普宣传、社会参与等方方面面，通过制定古树保护规划，找准当前及今后一段时间古树保护工作的重点方向和重点任务，集中有限的人力、物力和财力进行突破，是推动古树保护事业可持续发展的现实需要。③制定古树保护规划是落实古树保护各项措施的需要。通过制定规划，可以进一步明确古树保护事业健康发展需要配套跟进的保障措施，包括体制机制创新，推进机制建立、政策体系完善等内容，为古树保护建立长效机制。

6.1.2 制定古树保护规划的主要原则

(1) 保护规划符合相关法律法规和政策要求

制定古树保护规划要符合《中华人民共和国森林法》《中华人民共和国环境保护法》《城市绿化条例》《城市古树名木管理办法》等法律法规的要求，贯彻《中共中央 国务院关于加快推进生态文明建设的意见》《全国绿化委员会关于进一步加强古树名木保护管理的意见》《中共中央 国务院关于实施乡村振兴战略的意见》《中共中央 国务院关于建立国土空间规划体系并监督实施的若干意见》等政策性文件的相关规定，全面了解古树保护所涉及的法律法规和政策规定，确保规划的思路、内容和措施符合相关法律法规和政策要求，为古树保护规划的落实打下良好的基础。

(2) 与已有规划相衔接

制定古树保护规划要与现行的国土空间规划、林业草原保护发展规划、城乡建设规划、乡村振兴战略规划等已经发布的规划相衔接。例如，根据古树空间规划的内容，明确土地的开发类型，将古树群及其周边环境的保护纳入国土空间规划的布局当中；根据林业和草原保护发展规划的内容，科学设置乡村古树保护的目标和任务；根据乡村振兴规划的内容，谋划古树合理利用的形式。加强与已有规划的衔接是确保古树保护规划落实的重要前提。

(3) 因地制宜，符合当地古树保护实际

制定古树保护规划要坚持因地制宜，根据当地的古树资源状况、保护现状、存在的问题等方面，综合考虑自然条件、经济社会发展水平和文化氛围等因素，制定符合本地实际的古树保护规划。

6.1.3 制定古树保护规划的主要流程

(1) 掌握古树资源和保护状况

摸清家底是制定古树保护规划的前提。要开展古树资源调查，掌握古树资源的数量、分布情况、生长状况、管护情况等基础信息，可以利用当地前期开展的古树资源清查相关数据，并结合资源调查，及时掌握古树资源的动态变化，为做好古树保护规划打下良好的基础。

(2) 科学制定古树保护规划的目标

科学制定古树保护的目标是古树保护规划的重要内容。古树保护的目标包括古树的保存数量、资源调查和挂牌数量、相关法律法规的制定、养护责任落实比例、古树抢救复壮比例、专业队伍建设、科技支撑等目标。古树保护的任务指标又可分为预期性指标和约束性指标。预期性指标是指政府期望的发展目标，主要依靠全社会的自主行为来实现。约束性指标是指在预期性指标基础上，强化政府必须履行的职责，是政府必须实现、必须完成的指标。

(3) 确定古树保护的重点任务

古树保护规划是对今后一段时期内古树保护工作的系统筹划，应当涵盖古树保护事业的方方面面。但在实际工作中，由于受经费、技术、人员等因素的制约，在全方面开展古树保护的同时，还应当突出重点，确定古树保护的重点任务，将人力、物力、财力优先用到古树保护事业亟待解决的突出问题上。科学确定古树保护的重点任务是确保古树保护事业可持续发展的关键。

(4) 制定古树保护规划落实的保障措施

从组织、制度、资金等方面制定古树保护规划落实的保障措施，不断完善古树保护的体制机制，健全古树的资源普查、挂牌、养护、复壮、巡查检查等制度，探索建立古树保护补偿制度，建立以财政资源投入为主，全社会广泛参与的古树保护资金投入机制等，是落实古树保护规划的重要保障。

6.2 古树分级保护制度

目前古树分级保护主要是依据树龄来确定保护等级。树龄分级方法有两种：一种是住房和城乡建设部的规定，将100年以上的古树分为一级和二级，一级古树树龄为300年以上，二级古树为树龄100~299年；另一种是全国绿化委员会的定义标准，将古树分为一、二、三级，一级古树树龄500年以上，二级古树树龄为300~499年，三级古树树龄为100~299年。也有的省份将树龄在1000年以上的定为特级古树，树龄在500~999年的为一级古树，树龄在300~499年的为二级古树，树龄在100~299年的为三级古树。目前，我国主要是依据古树树龄来进行分级，这种方法简单易行，实践中具有较强的可操作性。但是，单靠树龄来分级也有很大的局限性，不够科学全面。如果综合考虑树龄及其综合保护价值来确定保护等级，理论上更加科学准确。但在实践中难以做到，可操作性不强，所以没有被有关部门采纳应用。

6.2.1 古树分级保护的必要性

古树为什么要分级保护？首先，古树树龄差异很大，树龄越大其生理机能越差，需要更加精细的保护。因此，对不同树龄的古树应当区别对待，划定不同的保护等级。其次，古树因其蕴含的历史文化、科研、景观、经济等价值不同，保护的重要程度有差异，理论上应该确定不同的保护等级，采取不同的保护措施。一般来说，古树树龄越大，保护价值越高。

6.2.2 古树分级保护的实践

各地已出台的古树保护条例(办法)对不同保护等级的古树鉴定、认定、公布、保护范围、移植审批、死亡处置、违法处罚等管理权限和措施上略有不同，在实际工作中应按照国家及地方不同的规定开展相关工作。具体可参考本教材中的相关章节。

6.3 古树养护制度

我国目前实行日常养护与专业养护相结合的养护制度。两者各有分工，相互补充，形成较完善的古树养护制度。

6.3.1 古树日常养护制度

6.3.1.1 古树日常养护人

对古树实行养护管理责任制,并按照下列规定确定养护责任人。

①国家机关、社会团体、企业事业单位和文物保护单位、宗教活动场所等用地范围内的古树,所在单位为养护责任人;

②机场、铁路、公路、河道堤坝、水库湖渠等用地范围内的古树,相应管理单位为养护责任人;

③国家公园、自然保护区、风景名胜区、森林公园、湿地公园等用地范围内的古树,管理机构为养护责任人;

④城市规划区内的公园、道路、绿地、广场等公共设施用地范围内的古树,管理单位为养护责任人;

⑤农村集体土地上的古树,土地使用权人为养护责任人,土地使用权属不清或者有争议的,村民委员会为养护责任人;

⑥国有土地上的住宅小区、居民庭院内不属于个人所有的古树,物业服务企业为养护责任人,无物业服务企业的,所在地的乡镇人民政府、街道办事处为养护责任人;

⑦建设工程用地范围内的古树,建设单位为建设期间的养护责任人;

⑧古树名木属于个人所有的,所有权人为养护责任人。

养护责任人不明或者存在争议的,由古树所在地的区县(市)古树行政主管部门指定养护责任人。

6.3.1.2 古树日常养护人的管理

县(市、区)古树行政主管部门应当与养护责任人签订日常养护协议,载明日常养护责任、养护技术规范及养护措施、养护费用补助等内容。养护责任人发生变更的,原养护责任人应当自变更之日起30日内向古树行政主管部门报告,并由变更后的养护责任人与古树行政主管部门重新签订养护协议。古树日常养护费用由养护责任人承担,县(市、区)古树行政主管部门应当给予适当补助。

养护责任人应当按照养护协议约定和养护技术规范履行日常养护责任,定期采取松土、浇水、施肥等养护措施。遇到严重干旱、洪涝、大风等自然灾害时,应当及时采取保护措施。县(市、区)古树主管部门应当向养护责任人无偿提供必要的养护知识培训和技术咨询服务。

6.3.1.3 古树日常养护措施

(1)土壤管理

土壤理化性状的各项监测指标包括土壤容重、孔隙度、颗粒组成、有机质、氮、磷、钾、微量元素、重金属的含量等。禁止在保护区域内动土或铺砌不透气材料。禁止在保护区域内倒渣土、垃圾等。土壤受到污染时,应及时清除污染源,并更换被污染土壤。土壤板结时宜及时松土,人工深翻30cm,保持土壤通气状况良好。对处于坡地的古树宜在保护范围内砌筑围堰、堆土，防止滑坡。

(2) 施肥管理

古树施肥要慎重，要严格控制肥料的用量，绝不能造成古树生长过旺，加重根系的负担，造成地上部分与地下部分的平衡失调。施肥前宜进行土壤和叶片的营养诊断。树木营养缺乏时，应按需进行施肥。施肥可采用土壤施肥或叶面施肥的方式。遇有密实土壤、不透气硬质铺装等不利因素时，应先改土后施肥。宜选用长效肥。寒温带、温带、暖温带地区宜春季施肥；热带、亚热带地区宜冬季施肥。

(3) 水分管理

土壤干旱缺水时应及时补水，补水可采用土壤浇水或叶面喷水。补水量为田间最大持水量的70%~80%。对处于低洼处或地下水位高的古树，雨后2小时内应及时排除根部积水。当积水不能及时排除时，宜在树冠投影范围内地下30cm敷设暗管，将水排放到保护范围外。

(4) 树冠整理

应尽量保持古树原有的景观和风貌，一般不宜做较大的树冠整理，只有在古树树枝等威胁到周边人员人身、财产安全时，方可进行必要的树冠整理。

(5) 有害生物防治

按照"预防为主，综合治理"的方针，加强有害生物监测工作，做好监测记录，发现疫情及时报告主管部门。提倡以生物、物理为主的可持续防治方法。

6.3.2 古树专业养护制度

县（市、区）古树行政主管部门应当制定古树保护应急预案，预防和减轻重大灾害对古树造成损害。发生或者有可能发生灾害性天气、地质灾害、重大环境污染事件等情形时，应当及时启动应急预案，采取相应防护措施。

养护责任人发现古树受到人为损害、发生严重病虫害或者出现生长势衰弱、濒危等异常情形的，应当及时报告县（市、区）古树主管部门。县（市、区）古树主管部门接到报告后，应当及时组织专家和技术人员进行现场调查，并采取土壤改良、有害生物防治、树洞防腐修补、树体支撑加固等复壮抢救措施，将复壮抢救情况记入古树保护档案。

6.4 建设工程避让与古树移植保护管理相关规定

6.4.1 建设工程避让

古树保护坚持原地保护，全面保护古树及其生长环境，任何单位和个人不得以任何理由、任何方式非法砍伐和擅自移植古树。禁止在古树保护范围内新建、扩建建筑物或构筑物。建设工程施工影响古树正常生长的，建设单位或个人要尽可能采取避让措施。《全国绿化委员会关于进一步加强古树名木保护管理的意见》（全绿字〔2016〕1号）明确指出，在有关建设项目审批中应避让古树名木。2021年12月发布的《广东省人民政府办公厅关于科学绿化的实施意见》规定，在城乡建设和城市更新中，最大限度避让古树名木、大树，禁止大拆大建，积极采用有效管护措施，促进原有绿化树种与城市基础设施和谐共存，为居民留住乡愁。

目前，我国部分省（自治区、直辖市）已出台的古树名木保护条例（管理办法）也对建设工程避让古树作出了明确规定。四川、江西、广西、陕西、河北、湖北等地均规定，建设工程施工影响古树名木正常生长的，建设单位应当采取避让措施。天津、海南和新疆均要求，建设工程施工影响古树名木正常生长的，必须事先提出避让方案，并报相关部门备案或审批。天津规定，在征用土地、规划设计或建设施工中，涉及古树名木保护管理的，建设单位必须事先提出保护和避让方案，并向市城市绿化行政主管部门办理备案手续后，方可办理征用土地、规划设计和施工作业手续。海南规定，新建、改建、扩建的建设工程影响古树名木生长的，建设单位应当提出并采取避让和保护措施，并报县级以上古树名木主管部门备案。新疆规定，在征用土地、规划设计或建设施工中，涉及古树名木保护管理的，建设单位必须事先提出保护和避让方案，经古树名木主管部门批准后，方可办理征用土地、规划设计和施工作业手续。

【案例6-1】在北京市门头沟区109国道新线高速项目施工过程中，因在清水镇齐家庄路段意外发现古树群，市、区园林绿化部门会同北京市交通委、门头沟区政府多次召开协调会，决定对齐家庄路段的古树进行全部保护，要求高速公路线路对古树进行避让。在保护古树的要求确定之后，国道109新线高速更改设计方案，向北侧山体偏移，由整体式路基方案改为分离式隧道下穿方案，在齐家庄新增一座290m长的隧道，绕过古树群。这条隧道横向距离古树的树冠投影不少于5m，隧道埋深符合相关要求，确保不影响这些古树的根系吸收水分。同时，在修建隧道时，不采用爆破技术，而是采用人工加机械开挖的手段，减少对古树生长环境的扰动。

【案例6-2】在山东济南泺安路西延段道路建设过程中，1株百年老槐树正好处于规划的红线内，成了"钉子户"。施工方起初犹豫不决：如果留下古树，可能影响视线；如果移植古树，它可能因此死亡。施工方将保护古树放在第一位，邀请专家进行了实地勘探，拿出合理解决方案。为了保护老槐树，施工方并未对其进行移植，而是原地保留。在大树东西两侧，预留出逾10m空间，喷画导流线，让快车道绕开大树，使其处在两条快车道中间。尽管避让古树对于施工方来说增加了施工难度，增加了施工成本，但在施工方看来，这是值得的。1株百年古树就这样成了道路中的风景，古树融入道路规划，道路的规划里也包容了百年古树。"道路避让古树"画出了生态保护的美丽曲线。

6.4.2 建设工程无法避让的古树保护制度

建设工程施工影响古树正常生长且无法避让的，建设单位或个人应当在施工前制订保护方案，获批准后方可施工，所需费用由建设单位或个人承担，施工过程中应确保古树安全，不得出现刨、撞古树及在古树保护范围堆物堆料、倾倒污物等法律法规禁止的行为。

6.4.2.1 保护方案申请

建设单位或个人应提供以下申请材料：

①申请表 主要包括申请单位或个人（工程建设方）信息，建设工程名称，古树生长地点、树种、级别等标牌信息，养护责任人意见，主要保护措施等内容。

②建设工程项目批准文件及相关材料　主要包括建设项目批准单位制发的书面材料文件，且项目名称及内容与申请表、建设工程规划许可证项目一致。

③中华人民共和国建设工程规划许可证　应提供由规划、国土主管部门核发的建设工程规划许可证，包括正本、附件、附图等。

④古树保护方案　主要包括实施时间、具体保护措施、应急预案、经费预算等内容，且须经一定数量的古树保护专家论证通过。

6.4.2.2　保护方案备案或审批

对于建设工程施工影响古树正常生长且无法避让的，由建设单位或个人持申请材料向相应的古树保护主管部门提出申请。古树保护主管部门应严格审查建设单位或个人提交的申请材料，并组织专业人员到现场调查，认真核查古树保护的措施情况，根据工程建设情况提出相应的保护要求。目前针对保护方案，全国各地已出台的古树名木保护条例（管理办法）已有相关规定，主要分为备案制和审批制两种类型。

①在对保护方案实行备案制的省（自治区、直辖市）中，有的要求报所在地县级人民政府古树保护主管部门备案，例如，福建、四川、贵州和山东均规定建设单位应当在施工前制订古树名木保护方案，并报所在地县级人民政府古树名木主管部门备案。县级人民政府古树名木行政主管部门应当对保护方案的制订和落实进行指导、监督。有的要求按照古树保护级别进行备案，如广西特别强调须按照古树名木的保护级别报相应的主管部门备案。有的要求报省级古树保护主管部门备案，如天津规定保护和避让方案向市城市绿化行政主管部门办理备案手续后，方可办理征用土地、规划设计和施工作业手续。

②在对保护方案实行审批制的省（自治区、直辖市）中，有的要求报省级古树保护主管部门审批，如北京规定因市级以上重点工程等特殊情况涉及古树名木保护范围的，在规划、设计、施工、安装中，避让保护措施由建设单位征求古树名木管护责任单位或责任人意见，经所在区、县古树名木主管部门签署意见后，报市园林绿化局审批。区、县古树名木主管部门应对古树名木避让保护措施的执行进行监督、指导。有的要求按照古树保护级别报相应的古树保护主管部门审批，如陕西规定，建设工程无法避让的，建设单位施工前制订古树名木保护方案，按照古树名木保护级别报相应的古树名木行政主管部门。有的要求按照古树保护级别报相应的人民政府进行审批，如安徽规定，按照古树名木级别报相应的主管部门审查，经审查同意后报本级人民政府批准。

编者认为，建设项目涉及古树时，建设单位应当在规划、设计、施工等环节采取避让措施。国家和省重点建设项目确需在古树保护范围内进行施工，无法避让的，建设单位应当在建设项目设计阶段组织制订古树保护方案，报省级人民政府古树保护主管部门批准。古树保护主管部门应当对保护方案的实施进行指导、监督。制订保护方案和实施保护措施的费用由建设单位承担。施工对古树造成损害的，由建设单位承担养护、复壮费用，并承担相应责任。

6.4.3　古树移植管理

6.4.3.1　古树移植的危害

古树保护应坚持原地保护原则，一般情况下，禁止古树移植。古树非法移植弊病很多、害处很大，且须承担相应法律责任。

①违背了生态文明理念　生态文明是人类文明的高级形态，它以尊重和维护自然为前提，强调人与自然环境的相互依存、相互促进、共处共融。因此，应遵循古树生长的自然规律，科学实施城乡绿化。非法移植古树，违背自然规律，不是建设生态，而是破坏生态，是不尊重自然、不顺应自然的表现。

②阻断了历史文化传承　古树是宝贵的自然遗产，有的生长历程可达数百年甚至数千年，承载着原生地自然演替和时代变迁的许多宝贵信息，是自然变化的"活化石"，一旦被移植，这种信息的传递就会中断。乡村中的古树，更与乡村共生共荣，是历史文化和亲情记忆的有力"物证"，记录了乡村的发展轨迹，承载着村民的昔日记忆，是广大村民"记得住的乡愁"，具有珍贵的历史、文化、民俗价值。移走了古树，就无情地撕裂了乡村悠久的历史文化和具有本土气息的文明标志，不利于自然生态文化、优秀传统文化和民俗风情文化的发掘与传承。

③破坏了生态环境，不利于生态系统平衡　古树在原生地与其所处的环境和依附它们生存的动植物、微生物，共同构成了一个完整的生态系统。将古树移植后，原生地的生态环境和生物群落遭到破坏，长期形成的生态平衡被打破，森林质量下降，生态功能减退，甚至造成水土流失、生物多样性减少。同时，古树在原生环境中，抵御有害生物的能力较强，一旦将其移植到异地，尤其是跨气候带迁移，由于气候和生境变化，加之缺乏天敌护佑，极易发生病虫害，甚至给移植地的其他植物带来危害。如果加大防治药剂的使用量，则会带来不必要的环境污染，危害居民健康。

④扰乱了绿化美化秩序，不利于生态建设事业健康发展　除特殊需要外，古树非法移植，从生态建设和国土绿化的角度看，做的是"减法"而非"加法"，是毫无意义的拆东墙垒西墙，不仅不能增加森林资源，反而会因截枝去冠而损失大量古树赖以发挥多种生态效益的生物量。古树在长达上百年的生长过程中，与原生地的自然环境相互融合、相互适应，一般树势旺盛，生长良好。一旦将其移植，由于其可塑性、适应性较弱，加上树体受损严重，在新移植地往往生长不良，甚至死亡，成活下来的，生命力也大打折扣，寿命明显缩短。古树移植成本高，投入大，株均花费动辄上千元、数万元，甚至更高。

⑤摧残了树木的自然美，影响景观效果　林木以其冠形及花果叶的千姿百态给人类带来了独特的自然之美。而许多被移植的古树只剩下主干和断枝，成了"光杆树""残疾树"，有的长期"挂吊瓶""支拐棍"，成活下来的也长势衰弱，相当一段时间里无冠、无花、无果，无法起到绿化美化的作用。移植的古树失去了原真性和完整性，不仅难以引起城镇居民的情感共鸣，也容易让人产生一种对生命的摧残、对自然的践踏、对审美的误导感。

⑥浪费了人力财力物力，助长"四风"　古树移植采挖难、运输难、栽植难、成活难、耗费大，既破坏森林资源，又浪费人力财力物力，逆理而行，劳民伤财。

【案例6-3】2021年，重庆市城市管理执法人员巡查时发现，两株挂牌的古树被擅自移植，经确认，涉事的某置地公司未提供相应许可文件。经对这两株古树进行专业评估，并依据《重庆市城市园林绿化条例》和《重庆市规范行政处罚裁量权办法》的有关规定和违法事实，执法机关依法依规对该置地公司作出擅自移植两株古树名木直接经济损失的6.5倍罚款，即643 500元，违法当事人按照规定如期缴纳罚款并予以结案。

【案例6-4】老樟树位于浙江省某地，树高9.5m，胸（地）围3.6m，属于国家三级保护古树，由于建设工程填土，导致老樟树最终死亡。该古树所在地块于 2005 年征用，拟规划为某小区。2012—2013 年，该地块填土，老樟树主干周围被大量透水性差的泥塘土和石块等垃圾物所掩埋，形成水涝，导致根系及部分主干呼吸功能基本丧失，木质部及韧皮部运输水分及营养的功能严重破坏，无法完成树木正常的呼吸、水分运输、营养运输等生理功能，直接导致其死亡。经专家组评估，该古树价值 9.5 万元，由相关部门对施工方作出处罚。

6.4.3.2 古树移植的条件

对古树移植应当从严把握，一般情况下禁止移植古树。从全国各地已出台的古树名木保护条例（管理办法）来看，主要有 4 种特殊情况可申请移植且应依法依规履行审批程序：①因国家或省级重点建设工程项目建设确实无法避让或者进行有效保护的；②古树的生长状况对公众生命、财产安全可能造成重大危害且采取防护措施后仍无法消除隐患的；③科学研究等特殊需要；④生存环境已不适宜古树继续生长，可能导致古树死亡的。

湖北、上海对古树移植条件的管理相对较严，湖北仅允许国家重点工程项目无法避让古树方可申请移植。上海禁止移植一级保护古树以及树龄在 100 年以上的名木。福建和四川均规定，生存环境已不适宜古树名木继续生长，可能导致古树名木死亡的；古树名木的生长状况对公众生命、财产安全可能造成危害，且采取防护措施后仍无法消除隐患的；因国家或省重点建设项目确实无法避让且无法对古树名木进行有效保护的，可以申请移植，实行异地保护。除上述 3 种情况外，浙江、广西、安徽、贵州、陕西、海南等地还规定，因科学研究需要的，也可申请移植。山东关于可移植条件的表述中增加了"法律、法规规定的其他情形"。

上述有关移植管理规定，有的地方规定的移植条件过松，应严格移植管理。由于古树生长与生存环境之间的关系非常复杂，受到光照、水分、土壤等众多环境因素影响，生存环境是否会直接导致古树死亡尚无法给予明确判断。即使因为环境因素影响古树正常生长，也应首先改善环境，确保古树在原生地健康生长。同时，科学研究是古树科学保护与管理的重要基础，但是科学研究也应该在原生地进行，不应建立在损坏、伤害古树的基础上。基于"原地保护""严格管理"的思路，不宜将"生存环境已不适宜古树继续生长而可能导致古树死亡""因科学研究需要"这两种情形纳入可移植的特殊情况。

6.4.3.3 古树移植的申请及审批

因特殊情况确需移植古树的，建设单位应提出古树移植申请，并按有关法律法规报批。古树移植申请材料包括：①移植申请表，说明树种、编号、树龄、保护级别、移出地、移入地、移植理由、时间等内容。②移植工程施工技术方案，由具有相应资质的专业机构编制，说明移植技术、养护措施等内容。③专家论证意见，由一定数量的古树保护专家对移植技术方案进行论证，保证存活措施得当。④符合有关法律法规规定情形的其他材料。

古树保护主管部门接到移植申请后，应当就移植的必要性和移植方案的可行性组织召开专家论证会或者听证会，听取有关单位和个人的意见，并到现场调查核实，公示移植原因，接受公众监督。经批准移植的古树，应当按照批准的移植方案和移植地点实施移植，移植费用由移植申请单位负责。安徽、江西、广西、四川、贵州、河北等地规定，移植后5年内的养护费用也由申请单位承担。移植后，县级人民政府古树主管部门应当及时更新古树档案，重新确定养护责任人。

由于一般情况下禁止移植古树，坚持原地保护。因此，不仅要严格把握移植条件，也要进一步提高移植审批机关层级，避免移植过于随意。目前，关于古树移植申请的审批流程，全国各地结合自身长期的工作实践，主要分为以下6个类型。

①由省级古树保护主管部门审核，报省级人民政府批准　例如，北京、上海、天津均规定，因特殊情况确需迁移古树名木的，应当经市古树名木行政主管部门审核，报市人民政府批准后，办理移植许可证。

②按照古树保护级别，一级、二级、三级保护古树分别由省、市、县级古树保护主管部门审核，报同级人民政府批准　例如，新疆规定，迁移一级古树，需自治区审批；迁移二级古树，需地、州、市审批；迁移三级古树，需县（市）审批。海南规定，移植名木和一级保护古树的，向市、县、自治县古树名木主管部门提出申请，由市、县、自治县古树名木主管部门提出初审意见，报省古树名木主管部门审查，并经省人民政府绿化委员会审核，报省人民政府批准；移植二级保护古树的，向市、县、自治县古树名木主管部门提出申请，由市、县、自治县古树名木主管部门提出初审意见，经市、县、自治县人民政府绿化委员会审核，报市、县、自治县人民政府批准，并报省古树名木主管部门备案。

③按照古树保护级别，一级保护古树由省级古树保护主管部门审核，报省级人民政府批准；二级、三级保护古树由市级古树保护主管部门审核，报市级人民政府批准　例如，广西规定，移植特级、一级保护的古树和名木的，向自治区人民政府古树名木主管部门提出申请，经其审查同意后，报自治区人民政府批准；移植二级、三级保护的古树的，向设区的市人民政府古树名木主管部门提出申请，经其审查同意后，报设区的市人民政府批准。

④按照古树保护级别，一级、二级保护古树由省级古树保护主管部门审核，报省级人民政府批准；三级保护古树由市级古树保护主管部门审核，报市级人民政府批准　例如，江西规定，迁移一级、二级保护古树和名木的，由省级古树保护主管部门审核同意后，报省级人民政府审批；迁移三级保护古树的，由市级古树保护主管部门审核同意后，报市级人民政府审批。

⑤按照古树保护级别，一级保护古树由省级古树保护主管部门审核，报省级人民政府批准；二级保护古树由市级古树保护主管部门审核，报市级人民政府同意后，报省级古树保护主管部门批准；三级古树由市级古树保护主管部门审核，报市级人民政府批准　例如，陕西规定，移植特级、一级保护古树和名木的，向省古树名木行政主管部门提出申请，经其审查同意后，报省人民政府批准；移植二级保护古树的，向设区的市古树名木行政主管部门提出申请，经其审查并报设区的市人民政府同意后，报省古树名木行政主管部门批准；移植三级保护古树的，向设区的市古树名木行政主管部门提出申请，经其审查同意后，报本级人民政府批准。

⑥向县级古树保护主管部门申请办理审批手续　例如，贵州规定，国家和省重点工程项目建设、大型基础设施项目建设无法避让或者无法有效保护大树的，可以移植，并向县级人民政府古树名木大树主管部门申请办理审批手续。

6.5 古树保护的资金投入机制

6.5.1 古树保护资金概况

古树保护是社会公益事业，古树保护中的资源普查、认定、建档、挂牌、养护、复壮、宣传、培训、科研等工作需要大量资金支撑，资金是古树保护事业可持续发展的重要基础。面对目前面广、量大的全国古树资源，当前也存在着资金投入不足的问题。由于政府是社会公益事业发展的主要领导者和管理者，必须充分发挥各级人民政府在古树保护中的领导责任，凸显政府在古树保护中的主导地位，目前古树保护资金来源主要以各级政府财政预算资金为主，以依法募集的古树保护专项基金、古树保险赔偿资金、认捐认养等形式的资助为辅。

6.5.2 古树保护资金来源

6.5.2.1 各级财政预算资金

财政预算资金是古树保护工作资金来源的主要渠道。县级以上人民政府应将古树保护经费列入本级财政预算，用于古树调查、认定、建档、挂牌、养护、复壮、改善生境、抢救、保护设施建设、保险、人员培训、科学研究等工作。从全国部分省（自治区、直辖市）已出台的古树名木保护条例（管理办法）来看，上海、安徽、江西、广西、四川、贵州、陕西、浙江、河北、福建、山东、湖北和海南等地均明确提出了县级以上人民政府应当将古树保护所需经费列入同级财政预算，用于古树名木资源的普查、认定、养护、抢救以及古树名木保护的宣传、培训、科研等工作。自2014年开始，中央财政在国家林业主管部门设立了古树名木保护专项工作经费，2014—2018年累计投入1600余万元，为开展全国古树名木资源普查等工作提供了强有力的支撑。各地资金投入也相应加大，取得了显著成效。如贵州省从2017年开始，每年投入1000万元，用于古树名木资源普查和保护工作；浙江省实施古树名木保护工程，加大省级财政投入力度，对一级保护古树名木平均投入2.5万元/株。

6.5.2.2 古树保护专项基金

古树保护专项基金，即充分发挥基金会的作用，积极宣传古树保护的重要意义，依法依规、广泛动员社会力量募集古树保护资金，设立古树保护专项基金。2019年，北京市首次为古树保护设立专项基金，通过广泛动员、积极引导国内外企业、组织、团体和个人为古树名木捐资捐物，增加古树名木保护资金来源，弥补政府管护资金投入的不足。例如，招商银行通过北京绿化基金会公益平台，向古树名木保护专项基金捐赠10万元，专门用于北京香山饭店内4株古树的保护复壮。

【案例6-5】浙江省绍兴市诸暨市赵家镇是中国最大的香榧主产区之一。该镇范围内有500年以上的古榧树2.5万株，1000年以上的古榧树2700株，最老的"香榧王"距今已逾1300年历史。为了在保护中发展，浙江推出"千年古树香榧保护计划"，由诸暨市人民政府出资成立千年古树香榧保护基金。该基金不仅用于香榧的养护、培育,还将用于应对突发事故、资助贫困榧农等。同时,还邀请社会各界人士共同参与"千年古树香榧认养服务""千年古树香榧定制服务"等行动中,且认养费、定制费的5%将纳入千年古树香榧保护基金。

6.5.2.3 古树保险

古树在自然环境中生长,难免会遭受台风、暴雨、雷电、有害生物等自然灾害和人为原因的损害。另外,古树倒塌或树枝折断可能造成第三方人身伤亡或财产损失。为了降低自然和人为等因素造成的古树损坏或人身财产损失,因此,设立古树保险十分必要。设立古树保险,是建立古树保护市场化风险分担机制的重要措施,为降低自然和人为因素造成的人身和财产损失提供了重要保障。古树保险赔偿资金,即通过为古树购买保险的形式,在保险期内主要用于因自然灾害、病虫害或事故影响等原因造成的古树倾斜、倒伏、折断、折枝掉落、蛀干(蛀枝)等事故产生的勘察、施救等费用,以及因自然灾害和事故影响导致古树倒伏或树枝折断造成第三方人身伤亡或财产损失的赔偿费用。

(1)古树保险的现状

森林保险在森林资源保护、林业生产和保障林农收入方面能够发挥重要作用。1982年,国内第一部有关森林保险的法规条文——《森林保险条款》拉开了森林保险方面的制度建设。1984年开始进行森林保险试点,截至1994年有20多个省(自治区、直辖市)开办森林保险。但林业经营的复杂性和特殊性及国家扶持政策的缺位导致森林保险发展缓慢,甚至出现停滞状态。为调动供需积极性,我国政府于2009年在江西、湖南、福建3省设立政策性森林保险试点,2010年和2011年又新增6个试点省份。到2012年,试点范围扩大到17个省份。2014年,政策性森林保险覆盖范围已扩大到全国,发展规模呈现出稳步增长的趋势,2017年全国林木保险保费收入34.37亿元,保险金额达1.36万亿元。政策性森林保险发展较为迅速,并呈现出独有特征,但是同其他农业保险相比,仍相对落后并缺乏市场活力。

当前我国的古树保险正处于探索阶段,现有的森林保险只有单一火灾基本险一种,投保的标的类型包括防护林、用材林、经济林等林木及砍伐后尚未集中存放的原木和竹材等。森林火灾保险的投保主要是不同的林分,古树群也包含在内。森林保险属于政策性保险,整体而言,相比农业保险,我国的森林保险的类型单一,远远不能满足林业生产的需求。

近年来,随着全社会对古树保护价值认识的不断提升,各地积极探索开展古树保险。贵州探索将古树名木大树的救治、复壮纳入政策性保险,要求县级以上人民政府应当采取保险费补贴等措施鼓励保险机构开展古树名木大树保护管理保险。福建规定,鼓励探索建立古树名木生态效益补偿、保险等制度,提高古树名木保护管理水平。早在2009年,重庆市某民营企业为该市文化宫内的20株古树投保,保额400万元,是国内开展古树保险的初步尝试。2012年,上海市就曾为当地一级保护古树名木和古树群共计1100余株投保,总计保额逾1.4亿元,单株最高将获赔15万元。自2019年以来,由太平洋产险浙江分公司推出的古树名木综合保险在杭州、嘉兴、金华、绍兴、湖州等地实现落地,为古树保护提供了强有力的风险保障。随着全社会对古树保护重要性认识的提升,各地将设立古树保险作为保护古树的重要措施，充分运用市场化的手段和机制防范自然和人为因素造成的古树破坏损失，以及古树倾倒等造成的人身财产损失，积极推动古树的投保。

(2) 古树保险的主要类型

从目前保险的内容来看，古树保险主要包括施救费用保险和第三方责任保险两类。施救费用保险主要包括由下列原因造成古树名木倾倒、倾斜、蛀干(蛀枝)、枯萎，以及主干分枝折损事故，保险人按照保险合同的约定，对发生必要而合理的施救包括查勘鉴定费用负责赔偿：①火灾、爆炸、雷击、暴风、台风、龙卷风、暴雨、雪灾等自然灾害；②空中飞行物体坠落；③病虫害，包括投保古树的叶片遭到食叶性昆虫大范围吞噬破坏的。第三方责任保险主要包括因古树名木发生倾倒、倾斜、折断以及主干分枝折损掉落等情况，导致第三方人身伤亡和财产损失的，依照中华人民共和国法律(不包括港澳台地区法律)应由被保险人承担的经济赔偿。

【案例6-6】浙江省安吉县对全县3329株古树进行投保，保险人按照保险合同的约定，对发生必要而合理的施救包括查勘鉴定费用负责赔偿，每株古树最高赔偿限额2万元；对单次人身伤亡事故最高赔偿限额为20万元(含医疗费用2万元)，造成第三方财产损失的，每株最高赔偿限额2万元。

太平洋产险浙江分公司根据当地实际首创推出了古树名木综合保险，自2019年以来，在嘉兴、金华、绍兴、湖州等8个县市实现落地，提供风险保障逾21 600万元。保险对因自然灾害和事故影响导致古树倒伏或树枝折断造成第三方人身伤亡或财产损失的赔偿进行了规定，第三方责任险累计赔偿限额200万元，人身伤亡单人单次最高赔偿限额10万元，财产损失单人单次最高赔偿限额5万元。

【案例6-7】广西池州市贵池区林业局与平安保险池州公司合作，按100元/株的年标准，为538株古树名木投保，按照保险合同的约定，保险期间因意外事故、气象灾害、病虫害等因素造成古树损失、施救或造成第三方伤亡、财产损失等费用，均可由保险公司按合同约定负责赔偿，赔偿限额每株3万元，单次事故最高赔偿限额30万元，累计赔偿限额1000万元；造成第三方人身伤亡及财产损失的，每人医疗费赔偿限额2万元，每次事故财产损失2万元，每次事故人身伤亡限额20万元，累计赔偿限额700万元。

6.5.2.4 以认捐认养等形式资助古树保护事业

近年来，全国各地积极引导和鼓励社会各界以捐资、认养等多种形式参与古树保护事业。例如，北京、上海、安徽、江西、广西、四川、贵州、陕西、浙江、河北、福建、山东和海南等地规定，鼓励单位和个人资助古树保护事业。2019年，北京市16区共设立了32个古树认养接待点，纳入认养范围的697株古树，有侧柏、圆柏、黄金树、槐树、白皮松、银杏、皂角、榆树、楸树等树种。上海市民可通过中国网络植树公益网上海网、"绿博士"微信公众号，参与古树名木线上认养活动。四川借助四川省绿化基金会网站，面向社会开通古树名木捐资认养通道，吸引企业、社会团体、个人加入认养行列。山东青岛2020年推出了首个"云植树节"，在全市2489株古树名木中，选择了具有历史文化内涵、位于公共场所、缺乏管护措施的古树名木100株，发起线上认养活动，为古树名木管护、复壮筹集资金。

【案例6-8】2020年3月11日，浙江省古树名木2020年度首场认捐认养活动暨开化县国土绿化行动在开化举办。《浙江省古树名木认养办法》颁布实施以来，认捐认养活动开展得有声有色，出现社会公众踊跃认养古树的火爆场面。定海区以"认养古树情定古城"为主题，开展的社会公众认养古树活动，出现300多人摇号竞争认养35株古树的情形。普陀区借"普陀山之春旅游节"平台，推出的多起古树名木认养活动受到社会高度关注和积极响应，认养者中既有余秋雨夫妇、陈佩斯、谢绍春等一些社会知名人士，又有关心社会公益事业的港澳台同胞。桐庐有爱心人士一次性出资6万元，按照认养一株二级保护3000元一年的规定，认养期限长达20年。此次活动，开化县6892株可认捐认养的古树名木都被纳入了认捐认养范围，且每株被认捐认养古树名木的基本信息、影像资料等都可供查询和选择。

6.5.3 古树保护资金的多元投入机制创新

（1）建立以财政资金为主，其他资金为辅的古树保护资金多元投入机制

古树保护具有公益属性，古树保护事业为社会公益事业，古树保护的受益方是全社会，理应由政府主导。因此，政府财政预算资金仍然是古树保护的主要资金来源，需进一步加大财政投入力度，明确财政资金在古树保护资金多元投入机制中的主体地位。应从法律上保障中央和地方政府将古树保护经费纳入常规财政预算项目，尤其是对于那些急需复壮抢救的古树，要提高财政资金投入的比重。加快构建以财政资金为主，专项基金、古树保险等其他资金为辅的古树保护资金多元投资渠道。

（2）充分开发和利用各种社会资金来源渠道

积极探索以市场化渠道加强古树保护，着力拓展古树保护多元资金投入渠道。积极设立古树保护专项基金，向社会募资，缓解古树保护的资金压力，也可以动员更多人参与保护古树行动。借助古树保险杠杆作用，加强古树风险管理，为古树保护资金搭建坚实的风险屏障。进一步扩大古树认捐认养的影响力，鼓励更多公众参与古树保护事业，以认捐认养等形式资助古树保护工作。探索古树冠名权公益拍卖，筹集古树保护专项资金。同时积极争取国内具有较强社会责任感的企业、公益性的社会团体和基金会等团体的资金支持。

（3）合理利用古树资源进行市场经营收费

在政策允许范围内，合理利用古树资源，充分挖掘古树资源的可经营性。例如，在挖掘提炼古树景观、生态和历史人文价值的基础上，结合周边市民群众文化休闲需求，积极探索建设一批古树公园、古树街巷等以古树为主题的生态旅游景点，在保护优先的前提下，获取门票、娱乐休闲、餐饮等收益，进一步吸引更多社会资本投入古树保护事业，弥补古树保护资金的不足。

6.6 古树保护补偿和日常养护补助制度

6.6.1 我国生态补偿制度现状和存在的问题

6.6.1.1 生态补偿制度的现状

生态补偿是指以保护和可持续利用生态系统服务为目的，根据生态系统服务价值、生态保护成本、发展机会成本，以政府和市场等经济手段为主要方式，调节相关者利益关系的制度安排。按照"谁受益、谁补偿，谁保护、谁获补偿"的原则，达到生态共建、环境共保、资源共享、优势互补、经济共赢的目标。

我国生态补偿试点工作最早可以追溯到1999年，最早开展的是森林生态效益补偿。1998年，第九届全国人大常委会对《森林法》做了重要修改，该法为我国设立森林生态效益补偿基金提供了明确的法律依据。2004年，我国正式设立了森林生态效益补偿基金，加快了我国森林生态补偿制度建立的步伐。中央政府还设立专项资金，用于进行天然林保护、退耕还林、荒漠化防治和防护林体系建设等一系列生态保护建设工程。

2005年，党的十六届五中全会首次提出要加快建立我国以"谁开发谁保护、谁受益谁补偿"为原则的生态补偿机制。这一时期划分了限制开发区和禁止开发区，提出设立国家生态补偿专项资金，确立了自然保护区、流域水环境保护区和重要生态功能区及矿产资源开发区等重点生态领域的补偿标准。2007年，财政部和国家林业局联合出台了《中央财政森林生态效益补偿基金管理办法》，明确规定中央财政补偿基金是森林生态效益补偿基金的重要来源之一。

2012年，在党的十八大报告中，生态文明建设成为"五位一体"总体布局的重要内容，而生态补偿制度成为该报告确定的推进生态文明建设的重要制度，在我国生态文明建设史上具有划时代的标志性意义。2014年新修订的《环境保护法》强调"国家建立、健全生态保护补偿制度。国家加大对生态保护地区的财政转移支付力度。有关地方人民政府应当落实生态保护补偿资金，确保其用于生态保护补偿。国家指导受益地区和生态保护地区人民政府通过协商或者按照市场规则进行生态保护补偿"。2014年颁布的《中央财政林业补助资金管理办法》在很大程度上加强了森林生态补偿的力度，生态保护本身的成本、发展的机会成本及生态服务的价值都前所未有地成为确定森林生态补偿水平的重要考量指标。2016年，《国务院办公厅关于健全生态保护补偿机制的意见》发布，根据该意见，我国在国家层面的生态补偿主要覆盖七大领域和两个重点区域。七大领域分别是森林、草原、湿地、荒漠、海洋、水流、耕地；两个重点区域是限制开发区和重点生态功能区。在省级地方层面，还有大气、矿区、冰川等领域的生态补偿实践。全国和地方实行的生态补偿基本上覆盖了主要的生态领域。2017年，《海洋环境保护法》明确提出国家建立健全海洋生态保护补偿制度。2017年，党的十九大报告提出建立市场化、多元化的生态补偿机制。2019年，国家发展和改革委发布了《生态综合补偿试点方案》，决定在安徽、福建、江西、云南和青海等10个省份选择50个试点县，开展生态综合补偿工作，进一步健全生态保护补偿机制。2021年，中共中央办公厅、国务院办公厅印发了《关于深化生态保护补偿制度改革的意见》明确了进一步深化生态补偿制度改革的思路框架与重点任务。

经过20多年的发展，目前我国已在森林、草原、水流、湿地、海洋、耕地、荒漠7个领域开展生态补偿工作，生态补偿的资金量也在不断增大。据初步统计，目前，我国每年各类生态补偿资金总量约为1800亿元。总体来看，我国生态补偿制度不断完善，实践不断丰富，探索不断深入。在流域上下游横向生态补偿和重点生态功能区转移支付两个综合领域，探索形成了较为健全的生态补偿机制；在森林、草原、湿地等生态环境要素分类补偿领域，探索创新了多样化的生态补偿模式；在海洋等生态补偿领域，积累了一定的地方试点经验。我国已经初步建立起覆盖各生态环境要素的生态补偿制度框架。生态补偿成为社会经济发展和生态环境保护之间的矛盾协调机制，以及"青山绿水"保护者与"金山银山"受益者之间的利益调配手段。生态补偿不仅促进了生态环境质量的持续改善、保护与发展的共赢，也成为重要生态保护地区脱贫攻坚的有效手段。

6.6.1.2 生态补偿制度存在的问题和改革方向

尽管生态补偿已经受到各方的高度重视，但依然面临许多问题：①各类生态环境要素补偿制度尚不健全。生态补偿关系中的保护方和受益方权责不明确，存在保护成本较高、补偿标准偏低、发展权益难以保障的问题，也存在生态补偿实施的科学化、精细化、差异化水平不足的问题。②纵、横向生态补偿关系中的利益关系不协调。财政支出在重点生态空间保护方面的责任不够明确，跨省流域上下游地区之间的补偿责任与补偿收益不匹配，生态补偿实施与山水林田湖草沙系统修复保护要求不匹配等问题，不仅使得生态保护相关方的积极性和能动性难以充分调动，也影响了生态补偿实施的成效。③市场化、多元化补偿手段运用不充分。现有法规缺乏对生态环境产权的明确规定，导致生态产品价值无法定价，生态产品的市场交易难以开展，市场化补偿难以满足补偿资金需求，生态补偿只能主要依赖政府财政资金。补偿方式也主要依赖政府行政性手段，多元化补偿实施不足。④生态补偿的配套能力建设、实施统筹推进不足。生态补偿实施的支撑体系不完备，国家层面的生态补偿立法空缺，影响了生态补偿制度建设的不断深化。监测与评估机制不健全，生态补偿标准和基准的制定还不明确或不合理，财税等政策手段在生态补偿中发挥的作用不足，生态补偿实施配套的项目准备不足。⑤生态补偿与考核评估、监督问责等相关政策的衔接性和协调性不足，生态补偿的政策功能没有得到充分发挥。

总体来看，生态补偿在生态环境保护领域中应用还比较有限，效力发挥得还不够。在推进生态补偿工作中，需要进一步明确中央和地方、生态保护方和受益方等各相关方的权责关系，推进补偿权责相匹配，持续推进健全各生态系统要素的生态补偿；需要进一步强化生态补偿在重要生态空间保护中的作用，综合考虑补偿制度的推进实施；需要完善市场化补偿实施能力，健全生态产品价值评估和实现机制，充分发挥金融等市场手段的作用，让生态价值转化为补偿资金；需要加强补偿制度实施的支撑体系建设，明确补偿标准，加强立法工作，强化监测统计等支撑能力，拓展补偿资金渠道，提高补偿资金绩效；需要加强与考评等相关政策统筹推进实施，提高政策实施的综合效应。

6.6.2 建立古树保护补偿和补助制度的必要性和重要性

（1）建立古树保护补偿和补助制度是建设人与自然和谐共生的现代化的必然要求

党的二十大将生态文明建设放在了至关重要的位置，提出要建设人与自然和谐共生的现代化国家，提升生态系统多样性、稳定性、持续性，实施生物多样性保护重大工程，科学开展大规模国土绿化行动。加强古树保护和补偿，是深入贯彻落实党的二十大精神的具体体现，是建设人与自然和谐共生的现代化国家的必然要求，对于保护自然与社会发展历史、弘扬先进生态文化具有十分重要的意义。

（2）建立古树保护补偿和补助制度是时代发展的必然要求

随着社会经济的不断发展，人们保护古树的意识逐渐增强，古树受到越来越多的关注，已成为群众关心、社会关注的热点之一。如何规范古树保护补偿政策以更好地保护这一特殊林木资源已成为摆在我们面前不可回避的问题。党的十八届三中全会提出了探索编制自然资源资产负债表，对领导干部实行自然资源资产离任审计并实行责任追究的要求，作为森林资源资产重要组成部分的古树资源价值应进行测算。且随着城市建设的推进，国家和地方政府加大了对基础设施建设的投入，这些基础设施工程项目建设占用、征用林地时经常遇到古树的保护及补偿等问题。因此，加强古树保护和补偿成为时代发展的必然要求。

(3) 建立古树保护补偿和补助制度是法制建设的必然要求

虽然许多省份在古树保护补偿的机制建立方面作了不少努力，但古树保护补偿制度体系的建立和健全是一项政策性很强的工作，现在仍处于起步和推广阶段，国家与此相关的政策和法律还不具体，仅有一些原则性的条款。而且迄今为止，我国还没有一部专门针对古树保护的国家层面上的法律法规。古树保护补偿机制的建立对物权人、养护责任人的正当权益、获得合理的劳动报酬有了制度方面的保障，从而更好地调动积极性，把古树保护措施实施到位，发挥最大的效益。因此，建立古树保护补偿机制是加强古树保护的重要保障，也是法制建设的必然要求。

(4) 建立古树保护补偿和补助制度是体现其特有属性的必然要求

我国的古树大多是珍稀树种，为世界罕见或我国独有，物种资源优势突出，是最珍贵的种质资源。古树作为特殊群体受到多项规章制度的保护，其特性表现为独有性、珍稀性、濒危性，古树往往是不可复制的，具有物种多样性和遗传多样性，古树保护具有极大的艰巨性，同时保护需要持续性投入等，古树这些特有的属性也保证其占据独特的价值。因此，建立古树保护补偿机制是体现这些属性的重要途径和必然要求。

6.6.3 建立古树保护补偿制度的理论和政策依据

6.6.3.1 理论依据

(1) 公共物品理论

按照公共经济学理论，人类生产生活获得的物品和服务大致可分为私有物品和公共物品。公共物品具有消费的非竞争性和收益的非排他性。非竞争性是指任何人对公共物品的消费不会影响他人享用公共物品的数量和质量，即公共物品生产和消费所增加的边际成本为零；非排他性是指任何人消费公共物品不影响他人的消费，因此不可避免地出现了"搭便车"现象。公共物品具有典型的外部性特征，依靠市场机制无法进行有效供给，需要政府来提供公共物品和服务。

(2) 外部性理论

外部性是指某人或某单位的经济活动对其他人或单位所产生的非市场性的有利或有害的影响，前者称为外部经济，后者称为外部不经济。对外部性问题最早提出解决办法的是庇古。他认为，对于外部经济的物品政府应予以补贴，以补偿外部经济生产者的成本和他们应得的利润，从而增加外部经济的供给，提高整个社会的福利水平；对于外部不经济应该处以罚款，以使外部不经济的生产者的私人成本等于社会成本，从而减少这种有害影响的供给，保证社会福利水平不降低。罗纳德·哈里·科斯的著名论文《社会成本问题》打破了人们固有的思维框架，反对以政府干预解决外部性问题。科斯认为，在产权明晰、交易费用为零的前提下，通过市场机制可以消除外部性。

(3)产权的公法限制理论

18世纪初至19世纪末，大多数国家在宪法中明确规定财产权是公民的一项基本权利，产权本质上为不可限制之权利，具有绝对的支配权。具有划时代意义的是1789年法国《人和公民权利宣言》庄严地向全世界宣言："财产权是神圣不可侵犯的权利"。然而自20世纪以来，各国开始用公法限制产权的绝对性。法学理论将之称为产权的社会化。它实质上是以调和个人主义支配下个人利益与公共利益的冲突为出发点，对产权的归属和行使加以区分。1919年德国《魏玛宪法》第153条第一款规定："所有权，受宪法之保障。其内容及限制，由法律规定之。"第三款规定："财产伴随着义务，其行使必须同时有益于公共福利。"德国魏玛宪法后各国宪法都抛弃了私人财产权绝对不受任何限制的理念，转而倡导对私人财产权进行必要的限制，即赋予政府行政征用权。行政征用的目的在于以私益助公益，缓解国家公用资源匮乏的窘境，实现社会公益目标。但行政征用权设立并不意味着行政权可以无限制或者随意地使用。行政征用体现了行政征用权与公民财产权的冲突，也体现了个人利益与社会公共利益的冲突，因此在行使过程中要防止行政征用权的滥用。

国家对私人产权限制的形式包括征用和管制，征用是指政府要求私人或其他类型的财产出卖给政府；管制并不是政府征用私人财产，而是指政府的管制行为降低了私人财产的价值，以致于所有者认为他们的财产已被政府占用，从而要求补偿。征用和管制具有公共目的性、强制性、补偿性等法律特征。公共目的性是指行政征用的使用范围必须是为了公共利益的需要。强制性是行政征用的根本属性，行政征用权是一种社会公共权力。但这种强制性随着市场经济的建立、民主的发展，征用者在征用的过程中必须首先注重被征用者的意愿，注重公民的行政参与程度。补偿性是指当国家要求某一产权主体出让某项合法权益而使他人或全社会受益，应当以受益人分出既有的部分合法权益给利益出让人为前提，即政府必须对财产的行政征用给予公平的补偿。

6.6.3.2 政策依据

目前，我国财政还没有设立古树名木保护补偿专项经费。从国家层面来看《森林法》《环境保护法》《城市绿化条例》中都涉及古树保护的内容，强调了要加强古树资源保护。《中华人民共和国森林法实施条例》(2016年)第十五条规定，森林、林木、林地的所有者和使用者的合法权益受法律保护，任何组织和个人不得侵犯。第二十九条规定，中央和地方财政分别安排资金，用于公益林的营造、抚育、保护、管理和非国有公益林权利人的经济补偿等，实行专款专用。可见，国家相关法律严格保护集体和个人所有的古树，由于加强古树资源的保护，对古树所有者的权益进行了限制，有必要设置专门的经费，用于补偿古树所有者的损失。

2016年5月，国务院正式印发了《关于健全生态保护补偿机制的意见》(以下简称《意见》)。《意见》明确指出实施生态保护补偿是调动各方积极性、保护好生态环境的重要手段，是生态文明制度建设的重要内容。《意见》还指出要建立稳定投入机制。多渠道筹措资金，加大生态保护补偿力度。2021年12月，中共中央办公厅、国务院办公厅印发了《关于建立健全生态产品价值实现机制的意见》，指出要完善纵向生态保护补偿制度。中央和省级财政参照生态产品价值核算结果、生态保护红线面积等因素，完善重点生态功能区转移支付资金分配机制。鼓励地方政府在依法依规前提下统筹生态领域转移支付资金，通过设立市场化产业发展基金等方式，支持基于生态环境系统性保护修复的生态产品价值实现工程建设。探索通过发行企业生态债券和社会捐助等方式，拓宽生态保护补偿资金渠道。古树及古树群属于特种用途林，是典型的生态产品，提供了重要的生态、经济、科学和文化价值，理应属于生态保护补偿的范围。

6.6.4 古树保护补偿制度

6.6.4.1 古树保护补偿的范围、主体和对象

古树保护补偿的范围应当是全国范围内经过认定和公布的古树。只有经过认定和公布的古树才能纳入相关的法律法规的保护范围，通过规范和限制古树所有者的行为确保古树的健康生长，客观上对古树所有者的权益造成了损失，应进行补偿。

古树保护补偿的主体是各级政府部门。古树具有公共物品的属性，应该由政府提供相关的公共服务。在古树的保护原则中，政府主导是古树保护的重要原则，古树保护补偿的主体应当是各级政府部门。古树属于自然资源的范畴，各级政府应按照财政事权的划分原则明确各级政府在古树保护补偿中的责任。2020年6月，国务院办公厅印发了《自然资源领域中央与地方财政事权和支出责任划分改革方案》，为科学划分各级政府在古树保护补偿中的事权和支出责任提供了依据。

古树保护补偿的对象是古树的所有者，具体包括个人和集体。根据《民法典》和《森林法》的相关规定，我国古树的所有权分为3类：国家所有、集体所有和个人所有，其中国家所有的古树权益由国家相关部门来行使，不应纳入保护补偿的范围。而因为相关法律法规加强古树保护，限制了集体所有和个人所有古树的权益的行使，客观上造成了集体和个人的权益受到损失，应该纳入古树保护补偿的范围。

6.6.4.2 补偿标准

古树保护补偿的主要目的是提高古树所有者及管护者的积极性，使古树保持良好的生长状态，正常发挥生态、科研、历史文化价值。合理确定补偿标准是实施古树保护补偿的基础，是古树保护补偿的核心问题。目前国内外应用较多的生态补偿标准测算方法主要有成本补偿法、条件价值评估法和综合价值补偿法等。

(1) 成本补偿法

古树保护补偿的基本目标，是实现古树的健康生长。只有古树持续健康生长，才可能发挥古树的多重效益。古树保护的经济补偿是古树健康生长中投入的唯一经济来源（至少是最重要的来源），补偿标准如果低于古树保护的成本，就无法实现古树保护的可持续性。因此，成本补偿是古树保护补偿的最低标准，合理的补偿标准应该高于古树保护的投入成本。一般来说，古树保护的投入成本至少包括以下两个部分：①看护成本，即看管古树而付出的劳动力成本等；②养护成本，包括浇水、施肥、病虫害防治、加固、围栏等产生的材料费和劳动力成本。另外，古树保护的合理补偿标准必须是在满足古树保护的投入成本之上的一个"合理"数值。用公式表示，就是在古树保护的投入成本的基础上加一个"合理"的收益，即从事古树保护的土地和资本应该获得的收益。因此，生态公益林成本合理

补偿标准可以表示为：

$$古树保护补偿标准 = 保护成本 + 养护成本 + 地租(利润)$$

(2) 条件价值评估法

条件价值评估法(contingent valuation method, CVM)是生态环境保护和森林服务价值评估领域最常用的研究方法之一，主要通过将利益相关方收入、直接成本和预期等因素整合为简单意愿，避免调查相关基础数据，其可调查补偿者支付意愿(willingness to pay, WTP)，也可调查接受补偿者受偿意愿(willingness to accept, WTA)。国内外学者通过该方法对城市林业进行了相关研究，张耀启等人基于美国亚拉巴马地区的市民问卷调查，探究了市民对于城市园林绿化的支付意愿问题，发现如果林木资源是古树名木，其生态价值和历史文化价值都较高时，居民的支付意愿会大大提升。

实践表明，CVM法估算结果受问卷设计、调查方式、调查范围、被调查对象的环保意识及对生态补偿认知程度影响较大，由于受被调查对象主观判断的影响，其调查结果的真实性、有效性、可靠性有待检验。

(3) 综合价值补偿法

古树具有生态、科学、文化、景观和经济等多重价值，根据古树的综合价值进行补偿有一定的合理性。目前，国内外构建了多重方法来核算古树的综合价值，如新西兰主要采用的STEM(standard tree evaluation method)评价体系、西班牙主要采用的NG(norm an granda)评价体系、英国与爱尔兰主要采用的AVTW(amenity valuation of tree and woodlands)评价体系来测算古树的综合价值。国内古树价值评价的综合方法多样，采用较多的有层次分析法和专家打分法等。

由于古树的综合价值具有不可分性，每个受益者的受益数量难以确定；古树的多种效益受益范围广，古树为社会提供的综合效益是间接的、无形的，它的受益地域和界限不易确定；古树所提供的综合效益难以计量和评价，目前专家测定出来的综合效益补偿值不仅巨大，而且各不相同，难以得到公认，所以目前不能按照古树的综合效益进行补偿。

我国学者对生态补偿标准的研究起步较晚，经历了由定性到定量，由单项效益研究到生态环境的综合效益的逐步深入的研究过程，但由于生态环境效益测算的复杂性，各项测算指标在不同空间尺度和时间尺度上有各自的变化特征，迄今为止，对生态补偿计量方法都未形成一致的看法，其补偿标准更难形成一个共同的标准使公众认同。关于古树保护补偿标准的研究较少，理论界对于采用哪种方法进行还存在争论，还未形成相对公认的古树保护补偿标准体系。相对而言，以古树保护的投入成本作为计算补偿费用的基础，至少有以下几个优点：①计算简便，容易操作，因为成本数据可以在生产过程中直接取得；②补偿充分，因为它包含了古树保护过程中所耗费的物化劳动和活劳动，这有利于古树保护工作的可持续；③容易让人接受和信服；④具有可验证性；⑤客观性强。因此，古树保护成本补偿法有较好的适用性和可靠性。

6.6.4.3 补偿的途径和方式

古树保护补偿主要通过政府财政资金进行补偿，以国家或省级政府为补偿支付主体，国家是补偿的主要承担者，政府补偿是补偿的主要途径。政府部门应当设立专门的古树保护补偿基金，综合考虑古树价值、古树保护成本和财政承担能力等因素，科学设定古树保护的补偿标准。针对古树资源集中分布的地区，中央财政可以通过转移支付的方式对该地区进行补偿。在确保财政资金投入开展古树保护补偿之外，还应当积极探索建立市场化、多元化的古树保护补偿机制，调动全社会参与古树保护的积极性，积极吸纳企业、社会团体、个人等参与到古树保护补偿制度中。如针对依托古树开展生态旅游、自然教育等活动时，可以在门票和活动收入中设置一定的比例作为古树保护补偿的资金等。

在古树保护补偿方式上，可以采取直接补偿的方式，补偿资金通过政府转移支付的形式，按照制定的补偿标准，对拥有古树所有权的集体和个人，以现金直补的形式给予经济补偿。

6.6.5 古树日常养护补助制度

古树的健康生长离不开日常养护，古树的日常养护责任人是开展日常养护的主体。日常养护责任人在看护古树免受自然灾害、有害生物侵害和人为破坏的同时，还需要投入一定的人力和物力对古树进行浇水、施肥等措施。因此，建立古树日常养护补助制度是更好地体现权、责、利对等的原则，调动古树日常养护责任人的积极性，确保古树健康生长的重要制度。

(1) 古树日常养护补助的主体

古树日常养护补助的主体是古树的日常养护责任单位或个人。我国古树的日常养护实行责任制，主要根据古树的生长位置、权属等因素确定古树的日常养护责任人。全国范围内的古树，无论产权属于国有，还是属于集体和个人所有，都应当明确古树的日常养护责任人，并开展日常养护。因此，古树日常养护补助的主体是具体承担古树日常养护责任的相关单位或个人。

(2) 古树日常养护经费的来源

古树保护的日常养护费用由谁来承担？目前全国各地做法不一，主要分为3种类型。①由养护责任单位(个人)负担，确有困难的，由古树保护主管部门给予补助。例如，北京、陕西、湖北、海南、新疆均规定，古树的日常养护费用由日常养护责任单位(个人)承担，县级以上古树主管部门根据古树保护的具体情况，给予日常养护责任人养护费用补助。②由政府承担。如广西明确指出，古树的日常养护费用由政府承担。③未明确由谁承担。如安徽、江西、四川、贵州、河北、福建、浙江和山东等地没有明确规定古树保护的日常养护费用由谁承担，但是均指出县级以上人民政府古树保护行政主管部门应当根据具体情况，对古树养护责任单位(个人)给予适当补助。

6.7 古树合理利用

古树具有重要价值，在严格保护的前提下可以合理利用，充分发挥古树的功能作用。古树生长成百上千年，早已与当地人民的生活融为一体，许多古树，如桑、核桃、茶树、枣树、梨树等传统农村经济树种，为人民生活提供了重要的非木质林产品来源，全国各地都有林产品采集利用的传统，在一些地方，传统农村经济树种的果实、叶等的采摘是当地农民收入的主要来源，甚至形成了特定的文化传统。许多古树树形奇特、历史文化内涵丰富，依托古树开展生态旅游，可更好地实现其丰富的景观价值。通过开展生态旅游、自然教育、文创设计等途径合理利用古树资源，提升全社会对古树价值和保护重要性的认识，相关收入反哺古树保护事业，为更好地保护古树奠定物质基础和精神基础。我国大部分古树生长在乡村，通过采摘、生态旅游等途径利用古树资源，提高当地农民的收入、美化乡村环境，助力乡村振兴战略的实施。近年来，许多地方积极探索建设古树公园、古树街巷，提升了城乡人居环境的文化底蕴，留住了乡愁，具有重要的现实意义。

6.7.1 古树合理利用类型

6.7.1.1 传统农村经济树种的采摘

长期以来，人们采集各类传统农村经济树种的果实、叶等用于日常生活，是十分常见的非木质林产品利用方式。我国各地有众多传统农村经济树种采摘历史，代表性的有河南的古枣树、云南的古茶树、安徽的古梨树、福建的古荔枝树、浙江的古香榧树（见彩图7）。在一些古树的主要分布区域，传统农村经济树种的采摘是当地农民收入的主要来源。另外，由于古树的历史悠久、文化底蕴深厚，古树的果实、花朵等产品比同类型的产品价格更高，收益更好。因此，开展经济林古树的采摘能有效利用古树的价值，提升效益。

6.7.1.2 古树的扩繁

古树是先人留给我们的宝贵种质资源，经历了自然界千百年来的严酷考验和生存竞争，完全适应了当地自然环境和生态条件，成为区域内植物生命的最适宜者，是优良的乡土树种。古树蕴含着优良的基因资源，为筛选抗性强、品质优的品种提供重要的遗传资料。开展古树扩繁是保存优良种质资源的需要，是优化树种品种结构的需要，是传承悠久历史文化的需要，具有重要的意义。古树的扩繁主要采用种子繁育及扦插，组织培养等无性繁殖技术，它能完整地保存与母树完全一致的基因。2014年，中国林业科学研究院采用扦插技术成功繁殖了"黄帝手植柏"幼苗15株，标志着我国成功获得黄帝柏克隆苗健壮植株，为"黄帝手植柏"这株古树中的奇葩建立"基因库""档案馆"，为世世代代保存和延续这株珍贵树木奠定了重要基础，这也是我国获得的第一个千年以上古树克隆苗。随后，中国林业科学研究院分别采用扦插和种子繁育技术获取"老子手植银杏"和"汉武帝挂甲柏"子代苗257株和235株（见彩图8）。开展古树的扩繁是中国传统文明与现代科学技术的完美结合，是有效保护和合理利用的大胆创新与全新实践，是对古树的另一种保护，是更积极的保护，是真正意义上的可持续发展。

6.7.1.3 古树生态旅游

古树具有丰富的景观价值和历史文化价值，是优质的旅游资源。树木绚丽的花朵及多彩的枝叶本身就是一道靓丽的风景线，加之经历过千百年的风雨雕琢，古树的造型更加奇特，或庞大茂盛、或苍凉遒劲、或奇妙弯曲、或笔直坚挺，更增添了神韵。我国的古树主要分布在乡村、庙宇、风景名胜区和各类自然公园，其中超过80%的古树分布于乡村。庙宇、风景名胜区和各类自然公园大多属于传统旅游景区，古树作为景区的重要组成部分，提升了景区的自然风貌和文化内涵。如被誉为"黄山四绝"之一的迎客松就是每一位到黄山的游客必观之景。广东新会举世闻名的"鸟的天堂"景区,景区内有1株400多年的榕树,随着时间的推移,这棵榕树长成占地逾20亩的大树,形成了"独木成林"的奇特景观,吸引了世界各地的游客前来旅游观赏。对于生长在乡村的古树而言,随着近年来乡村旅游的蓬勃发展,古树成为乡村重要的旅游资源,如贵州省盘州市妥乐村的古银杏(见彩图9)、云南大理巍山的古茶树、云南腾冲的古银杏村和新疆轮台的胡杨林均是备受游客追捧的热门景区。通过开展古树生态旅游,挖掘古树的价值,提升全社会对古树保护的关注,促进当地经济发展。

6.7.1.4 古树公园和古树乡村

古树公园是近年来兴起的一个概念,目前还没有统一的定义。一般来说,古树公园是以古树资源为依托,以保护古树及其自然生境为重点,以公众游憩参观为主要功能,兼具生态、景观、宣教、科研、历史文化和乡愁传承等作用,并向公众开放的特定区域(见彩图10)。古树公园是新时期古树保护的新形态,以保护古树及其生态环境为重点,结合生态旅游、科普和自然教育功能,为公众提供了更具特色的生态产品。古树公园这一概念一经提出就得到了各地的广泛响应,上海市嘉定古树公园内生长着1株树龄逾1200年,编号为上海"0001"的古银杏"树王"。为更好地保护和利用这株古银杏树,当地专门建立了占地10亩的古银杏公园。如湖南省27个县(市、区)已建成或正在建设34个古树主题公园,并计划在"十四五"期间建设100个古树公园。已建成的隆回县崇木凼古树公园、浏阳市小河罗汉松古树公园、东安县"白竹九老"古树公园、银杏王古树公园等已成为地方全域旅游的重要节点,取得了良好的生态、经济、社会效益,既让古树通过公园的形式得到有效保护和传承,又充分发挥了古树的利用价值,受到社会各界欢迎。

6.7.2 古树合理利用管理

古树资源的合理利用必须在保护优先的前提下进行,任何合理利用的行为不得危害古树树体及其生长环境。一些地方和机构打着开发利用古树资源的旗号,对古树进行折枝,大规模采叶,在靠近古树树根处铺设硬化地面,方便游人近距离接触古树等,这些行为对古树及其生长环境造成了严重的破坏,因此,必须加强对古树合理利用的管理。

(1) 坚持保护优先,不得损害古树及其生长环境

古树的合理应用应当坚持保护优先的原则,利用方式不得损害古树及其生长环境。目前部分利用古树的行为因为措施不当,造成古树树体或生长环境的破坏。如大规模使用透气性差的水泥、铺装等材料硬化古树树根周边的地面,在古树上钉钉子、悬挂标识牌、过度修剪枝干、在古树保护范围内设立摊点、香炉等,都对树体及其周边环境造成严重的损害。另外,传统延续下来的一些古树的利用行为,如在古树树干或树枝上悬挂红布以祈祷福寿,对经济林等古树枝条上嫁接所谓的"新品种"以提升经济林的产量等行为对古树的生长状况和遗传的稳定性造成严重的影响,应当禁止。

(2) 依法保障古树所有者和经营者的合法权益

古树合理利用属于林木经营权的范围,古树合理利用应充分保护古树的所有权人的权益。任何机构和个人开展的针对古树的合理利用活动必须征得古树所有权人的同意,古树所有权人享受获得古树合理利用收益分配的权利,古树合理利用活动不得损害古树所有权人的合法权益。鼓励古树所有权人及相关机构和个人在协商一致的前提下合理利用古树。

(3) 科学制定利用方案，经主管部门批准后实施

科学制定古树合理利用的方案是保护古树的重要措施。针对规模较大、频度较强和涉及古树树体及生境的利用行为，应当预先制订利用的详细方案，对合理利用的形式、主要内容、利用期限等进行规定，并对利用方案可能对古树造成的影响进行影响进行论证，制订针对古树及其生境的保护措施。利用方案制订后，报古树行政主管部门批准后开始实施。古树行政主管部门可以通过召开专家论证会、征求公众意见等形式对古树的利用方案进行审查。

(4) 加强利用过程的监管

加强利用过程的监督是及时发现隐患、确保合理利用活动不破坏古树及其生长环境的重要保障。在开展合理利用的过程中，古树行政主管部门应当对利用过程进行监督，通过开展定期巡查、检查，鼓励社会公众对损害古树的行为进行检举等手段及时发现问题并进行纠正。在实际的管理过程中，古树行政主管部门可以采取列出负面清单的形式对古树的利用行为进行管理。

6.8 古树保护巡查检查制度

6.8.1 巡查检查的重要意义

开展古树保护工作的巡查检查是确保古树保护事业健康发展的重要举措。2016年全国绿化委员会办公室发布的《关于进一步加强古树名木保护管理的意见》中明确指出："林业、住房城乡建设(园林绿化)部门要加强古树名木日常巡查巡视，发现问题及时妥善处理。"北京、陕西、江西、广西等地的古树保护地方立法中也对开展古树保护的巡查检查作出了明确的规定。通过开展巡查检查，及时掌握古树的保护状况，发现古树保护工作中存在的突出问题，进而采取有力措施开展古树的养护复壮或整改，提升各级古树行政主管部门和养护责任人的保护意识，为进一步压实保护责任，提升古树保护的效果奠定坚实的基础。

6.8.2 巡查检查的主要内容

开展巡查检查是各级古树行政主管部门的重要职责，巡查检查主要针对古树的生长状况和管护情况进行检查，及时发现古树生长有异常或者环境状况影响古树的状况，对长势濒危的古树提出抢救措施，监督有关单位和个人开展古树的抢救复壮，并向上一级古树行政主管部门报告。

2016年全国绿化委员会办公室发布的《关于进一步加强古树名木保护管理的意见》提出，全国绿化委员会办公室会同有关部门每两年组织开展一次古树保护工作落实情况督促检查。目前已经出台的部分地方古树保护法律法规对开展巡查检查的时限进行了规定，如《陕西省古树名木保护条例》规定："特级、一级保护的古树和名木，每半年检查一次；二级、三级保护的古树，每年检查一次。"《江西省古树名木保护条例》规定："林业、城市绿化行政主管部门应当组织对古树名木的专业养护和管理，对古树名木每年至少组织一次检查。"《南京市古树名木保护和管理办法》规定："园林绿化行政主管部门应当对古树名木生长和养护情况定期监督检查。一级古树名木至少每三个月巡查一次，二级古树名木至少每六个月巡查一次。"

针对巡查检查结果进行奖惩是落实巡查检查工作目标，调动各方积极性的根本保障。2016 年全国绿化委员会办公室发布的《关于进一步加强古树名木保护管理的意见》提出了对通过巡查检查发现的各地古树保护工作状况进行奖惩："对古树名木保护工作突出、成效明显的，予以通报表扬；对保护工作不力的，责成立即整改；对发现违规移植古树名木的，不得参加生态保护和建设方面的各项评比表彰，已经获取相关奖项或称号的，一律予以取消。"

思考题

1. 古树保护管理制度包括哪些？
2. 制定古树保护规划的必要性和主要过程有哪些？
3. 为什么要对古树进行分级保护？
4. 古树日常养护和专业养护的主要内容是什么？
5. 建设工程避让保护古树的审批流程有哪些？
6. 古树移植的危害有哪些？
7. 古树保护的资金来源主要有哪些？
8. 简述古树保护资金多元投入机制创新的主要内容，可不局限于书本中的内容。
9. 为什么要建立古树保护补偿和日常养护补助制度？补偿对象是谁？
10. 论述巡查检查的重要意义和主要内容。

推荐阅读书目

古树保护理论与技术. 赵忠. 科学出版社，2021.
生态补偿财政法律制度研究. 蒋亚娟. 法律出版社，2022.
城市古树名木养护和复壮工程技术规范. 中国建筑工业出版社，2017.

第7章 古树保护管理措施

本章提要

古树的保护管理措施包括设立保护标识与保护设施、保护生境、开展古树群的保护、开展环境公益诉讼等措施。应当统一样式，在不影响古树正常生长的前提下科学设置保护标识，根据保护需要设置避雷针、支架、围栏等保护设施。古树的生境是古树生长的环境依托，通过规划、划定保护范围等手段保护古树的生境。古树群是古树分布的重要形态，具有重要的保护价值，应当坚持整体保护与重点保护相结合。古树保护是环境公益诉讼的重要内容。目前关于古树保护的环境公益诉讼主要有检察机关提起的环境公益诉讼和社会组织提起的环境公益诉讼两种类型。各地在推进古树保护的过程中开展了有益的探索，形成了生态司法保护、建立古树保护的树长制和古树保护的市场化等保护管理制度创新。古树的保护是一项系统工程，在加强古树及其生长环境保护的同时，还应当加强科普宣传、强化科学研究、完善标准体系。

7.1 古树保护标识与保护设施

根据前期开展的古树调查工作收集的数据资料，统一编号制作古树保护标识，实现一树一档、一树一标识。可方便市民欣赏古树，提醒广大市民爱护身边的古树，有利于园林工作人员对古树进行巡视、体检等各项保护措施。

7.1.1 古树保护标识

古树保护标识应当统一格式，标明中文名称、拉丁学名、别名、科属、树龄、保护级别、二维码、认定单位、挂牌日期、养护责任人等内容。通过扫描二维码，可查阅古树基本信息和保护条款，进一步提高全社会共同保护古树的意识。

在古树周围醒目位置设置保护标识。保护标识包括碑牌和挂牌。

（1）碑牌

适用于古树和古树群。

(2) 挂牌

适用于所有古树。挂牌采用木质或铝质材料，绑带采用不锈钢弹簧，不锈钢弹簧横向环绕固定在树干上，挂牌位置应方便公众阅看，不宜太高或太低(见彩图11)。

在设置古树保护标识的过程中，应当注意标识的设置方式，避免对古树造成伤害。如在设置古树的碑牌过程中，应当注意避免碑牌距离古树的根部过近，以免影响古树根系的正常生长，同时，要避免大范围的硬化地面，影响古树根系的正常呼吸。在对古树进行挂牌保护时，一些不当的挂牌方式也对古树造成了严重的伤害，如许多地方为了方便起见，将古树的标识标牌钉在树体上，或者用不可伸缩的金属丝死死地缠在树体上，随着古树的生长，原先的金属丝对古树的树皮造成严重的损坏，甚至长到树皮里面。因此，应尽量避免通过向树体钉钉子，设置封闭的、不可伸缩金属丝等形式进行挂牌，减少不当的保护行为对古树造成的伤害。

7.1.2 古树保护设施

古树保护设施包括设置围栏、铺设铁箅子或木栈道、树体支撑加固、安装避雷设施、设置智能监控系统等设施。

(1) 设置围栏

对根系裸露、枝干易受破坏或者人为活动频繁的地方宜设置围栏，围栏应安全、牢固，与古树周围环境相协调。围栏宜设置在树冠垂直投影外延5m以外，与树干的距离应不小于3m，特殊立地条件无法达到3m的，以人摸不到树干为最低要求。围栏高度宜大于1.2m(见彩图12)。围栏内可采用树皮、碎木、陶粒等材料覆盖，或种植地被植物，以保持土壤良好性状。

(2) 铺设铁箅子或木栈道

对位于城市人行道或者公园、风景名胜区等人流多、踩踏严重的区域应铺设铁箅子或木栈道，长和宽宜大于2m。

(3) 树体支撑加固

根据树体主干和主枝倾斜程度、隐蔽树洞情况制定树体加固方案。树体加固包括硬支撑、拉纤、活体支撑、铁箍加固和螺纹杆加固等(见彩图13)。

(4) 安装避雷设施

位于空旷处、水陆交界处或周边无高层建筑物等存在雷击隐患的古树以及树体高大的古树应安装避雷设施。

(5) 设置智能监控系统

古树智能监控系统是利用现代信息技术保护古树资源的重要设施，通过在古树周边设置高清摄像头等智能监控设施，实现对古树实时监测和应急处理。福建省晋江市在森林资源智能监测系统的基础上，建设了一套覆盖全市古树的智能视频监控系统，通过高清摄像头对全市古树进行实时监控。通过远程监控，不定期对养护责任落实情况进行监督检查，对古树进行实时监护，通过视频监测记录发现非法伐木或毁坏者，监控视频资料可以作为处罚依据。同时，定期检查古树的健康情况，及时了解古树健康现状，及早发现古树树洞、伤口腐烂、营养不良、树体病虫害、生境侵占等现象，并根据监控情况及时组织技术人员到现场进行进一步检查，确保及时处理古树病虫害和其他危险情况。

7.2 古树生境保护

古树生境是指在古树保护范围内直接或间接影响古树生长发育的各种环境因素的总和。

7.2.1 古树生境保护范围

各地在制定国土空间利用规划时应划定古树保护范围，保护区域应不小于树冠垂直投影外延 3~5m 的范围；树冠偏斜的，还应根据树木生长的实际情况设置相应的保护区域。对生长环境特殊且无法满足保护范围要求的，须由专家组论证划定保护范围。

7.2.2 古树生境保护措施

(1) 禁止在生境保护范围内新建和改扩建建设工程

在生境保护范围内严禁新建建筑物、构筑物，严禁对原有的建设工程进行改建或扩建，影响古树的生长环境。对于因历史原因所造成的古树保护的范围和空间不足的情况，在今后的城乡建设中应当予以调整或完善，切实保护古树的生长环境。

(2) 禁止破坏古树生境的行为

严禁在古树保护范围内敷设管线、挖坑取土、采石取砂、淹渍或者封死地面、燃烧明火、排放烟气、倾倒污水垃圾、堆放或者倾倒易燃易爆或有毒有害物品等破坏古树生长环境的行为。

(3) 保持合理的植被结构

保护合理的植被结构是保护古树生境的重要措施。针对古树保护范围内的乔木，应伐除没有保留价值的乔木，移植有保留价值但影响古树正常生长的乔木，并适当修剪影响古树采光的枝条。针对古树保护范围内的灌木，可保留争夺土壤养分与水分少，且生长正常的植株，其余应清除。应当铲除根系发达、争夺土壤水肥能力强的竹类植物、草本植物，可补植相生或竞争能力弱且观赏效果良好的草本植物。

7.3 古树群保护

7.3.1 古树群概念和保护意义

古树群是指一定区域范围内由一个或多个树种组成、相对集中生长、形成特定生境的古树群体。古树群的类型多样，从树种结构来看，既有单个树种的纯林，也有多个树种的混交林，如分布在天然林中的古树群；从林龄结构来看，既有同龄林，也有异龄林，如山东曲阜的孔林（见彩图14）等；从古树群的形状来看，既有分布在特定小区域的片状古树群落，也有沿河流、道路等分布的条状古树群落，如新疆巴楚县叶尔羌河沿岸的胡杨林。从古树群的形成原因来看，既有分布在原始森林，天然形成的古树群，也有人工培育、经营形成的古树群，如分布在寺庙、园林中的古树群，以及作为农村传统经济树种种植形成的古树群落。

古树群具有重要的保护价值：①古树群是森林资源的精华，是通过长期的自然选择而遗留下来的珍贵古树群体，是大自然和人类世代保护利用的结晶和前人留下的宝贵自然遗产，如第四季冰川遗留下来的红豆杉、金钱松等古树群落为研究古代地理、气候、植物区系提供重要的科学依据。②古树群是当地的优势树种和乡土树种，是林木种质资源中的精华，具有丰富的遗传多样性，其种质资源的研究及利用价值颇高。如陕西黄帝陵古侧柏群具有较高的遗传多样性水平，对于探讨古树衰老机理及其表观遗传学特征，科学制订保护方案有重要意义。③古树群的各种植物既保持着它们各自的生物学特征，生态上又存在着密切的关系，形成了一个稳定的植物群落，通过物质循环和能量流动，发挥着一定的生态功能。④古树群还是一道独特的自然景观资源，如山东沂河岸边的古银杏群落、四川剑阁柏古树群（见彩图15）、南京的梧桐古树群等，形态优美，文化内涵丰富，具有较高的观赏和游憩价值。

7.3.2 古树群保护措施

(1) 开展古树群状况调查，落实养护责任人

首先对古树群进行整体调查，明确群内主要树种、面积、古树株数、林分平均高度、林分平均胸径（地径）、平均树龄、郁闭度、下木、地被物、管护现状、人为经营活动情况、目的保护树种等信息。古树群内的每株古树都应当进行进行普查和建档。对古树群内的每株古树进行详细的调查，记录每株古树的胸径、树高、冠幅、生长势等因素，根据古树群所有区域及产权状况，落实古树群的日常养护责任人。

(2) 设置保护标识

面积较大、古树数量较大的古树群，应当在古树群的四周设置专门的保护标识或保护设施，标明古树群内古树的数量、主要树种种类、树龄状况、四至范围等内容，并设置电子信息码。古树群内的重要古树应当单独设置保护标识。

(3) 划定保护范围、进行整体保护

古树群形成了特定和稳定的生境，应当进行整体保护。规划部门在制定城乡建设控制性详细规划时，应当在古树群周围划出建设控制地带，保护古树群的生长环境和风貌。古树群的保护范围一般应为最外围古树冠幅地上投影外5m，部分位于城区等特殊区域的古树群的保护范围可以根据实际情况进行划定。在古树群的保护范围内禁止新建、扩建和改建建筑物、构筑物，禁止破坏古树群及其生境的行为。

(4) 定期开展养护和检查

古树群的日常养护责任人应当对古树群开展日常巡护，发现异常情况及时报告，对古树实施浇水、施肥等简易措施，确保古树群内古树的健康生长。当古树群遭受破坏、损害时，古树群的日常养护责任人应当及时向古树保护行政主管部门报告。古树保护行政主管部门接到报告后，应当及时组织专业队伍对古树群开展抢救、复壮，及时消除安全隐患。古树保护行政主管部门应当定期或不定期对古树群的保护情况开展检查，及时发现问题、解决问题。

7.4 环境公益诉讼

7.4.1 公益诉讼概念和特点

公益诉讼是指法规规定的社会组织或者机关为了维护社会公共利益而提起的诉讼。公益诉讼是以社会为本位的诉讼，其本身不具有营利性色彩，这是出于保护公共利益的需要。公益诉讼提起诉讼的主体具有一定的广泛性。在普通诉讼中，具有原告资格的往往是一些具有直接利益关系的当事人，而公益诉讼不同，具有原告资格的社会组织和机构，具有明显的不特定性和广泛性。公益诉讼有以下几方面的特点：

①设立公益诉讼的目的是保护公共利益　在环境、弱势群体、消费者权益、国有资产保护等领域，不法行为的损害往往涉及不特定人的利益，公益诉讼是为了维护社会公共利益而设立的。

②公益诉讼受案范围的事前预防性　由于公共利益本身的特殊性，如果要求公共利益实际受损才能提起诉讼，就很有可能会造成难以挽回的损失，难以实现公益诉讼保护公共利益的作用，就有必要允许有资格的原告在社会公共利益受到损害的重大风险时，向法院提起诉讼。

③公益诉讼的起诉主体范围较广　传统的私益诉讼要求，只有与争议标的具有利害关系的人才具有起诉的资格，才能成为原告，但在公益诉讼中，法律规定的社会组织、国家行政机关和人民检察院都能基于法律法规的授权而具备起诉资格，成为公益诉讼的原告。

④公益诉讼的举证责任规则特殊　公益诉讼的举证规则并不严格要求遵循传统私益诉讼"谁主张，谁举证"和"举证责任倒置"的规则。特别是公益诉讼中所涉及的证据大多呈现出专业性、技术性强等特点，因此，对原告的举证责任要求就比传统的私益诉讼要低。但在检察机关作为公益诉讼的原告起诉时，鉴于其调查取证的能力和丰富经验，在证明被告的行政行为是否致使公共利益受损的方面，检察机关的举证责任却又大大加重。因此，公益诉讼的举证责任规则往往随着案件的性质和原告的身份而进行灵活调整。

⑤公益诉讼的判决效力具有延展性　公益诉讼起诉主体较私益诉讼更为广泛，也就意味着在公益诉讼中存在着许多潜在的原告，但真正向法院提起诉讼的原告却是有限的。因此，就可能会出现针对同一损害社会公共利益的行为重复起诉，既浪费司法资源，也不利于维护司法的公信力。因此，在公益诉讼中，针对同一侵害社会公共利益的行为，法院的判决效力不能仅局限于起诉的主体，而应该扩大到所有具备起诉资格的主体。

作为一种新的诉讼模式和司法救济途径，公益诉讼在一定程度上突破了传统诉讼理论对当事人的限定，在受案范围上也不严格限制于实际受损的对象，同时也赋予检察机关提起公益诉讼的权力。总的来说，公益诉讼是平衡社会矛盾、维护不特定主体权益的法律手段，在本质上是社会治理的一项工具，也是现代社会人权理念法治化的表现，在法律基本原则的框架下，将法律的强制性与灵活性充分结合，为社会弱势群体提供了一个维护自身合法权益的平台。

7.4.2 环境公益诉讼制度概况

环境公益诉讼，是指为了保护环境和自然资源免受污染和破坏，与案件诉讼请求没有直接利害关系的单位和个人，依法对污染、破坏环境与自然资源者，违法或者不履行环境与资源保护法定职责的行政机关提起的诉讼。

目前，我国环境公益诉讼的主体主要包括检察机关、政府机关和有关组织。根据我国环境公益诉讼相关制度规范，环境公益诉讼原告可概括为"法律规定的机关和有关组织"，即适格环境公益组织（提起民事公益诉讼）、检察机关（提起民事、行政公益诉讼）、代表环境资源产权所有者的政府及相关职能部门（国务院、省级、市地级人民政府及其指定的部门等提起生态环境损害赔偿诉讼）、海洋环境监督管理部门（提起海洋环境资源损害赔偿诉讼）。

目前已经出台的相关法律法规和司法解释对环境公益诉讼的主体进行了明确的规定。

2012年修订的《民事诉讼法》第五十五条规定：对污染环境、侵害众多消费者合法权益等损害社会公共利益的行为，法律规定的机关和有关组织可以向人民法院提起诉讼。2017年修订的《民事诉讼法》在原第五十五条基础上增加一款内容：人民检察院在履行职责中发现破坏生态环境和资源保护、食品药品安全领域侵害众多消费者合法权益等损害社会公共利益的行为，在没有前款规定的机关和组织或者前款规定的机关和组织不提起诉讼的情况下，可以向人民法院提起诉讼。前款规定的机关或者组织提起诉讼的，人民检察院可以支持起诉。

2014年修订的《中华人民共和国环境保护法》第五十八条规定：对污染环境、破坏生态，损害社会公共利益的行为，符合下列条件的社会组织可以向人民法院提起诉讼：

（一）依法在设区的市级以上人民政府民政部门登记；

（二）专门从事环境保护公益活动连续五年以上且无违法记录。

符合前款规定的社会组织向人民法院提起诉讼，人民法院应当依法受理。

提起诉讼的社会组织不得通过诉讼牟取经济利益。

2020年新修正的《最高人民法院关于审理环境民事公益诉讼案件适用法律若干问题的解释》对环境民事公益诉讼的主体进行了详细的规定：

第二条　依照法律、法规的规定，在设区的市级以上人民政府民政部门登记的社会团体、基金会及社会服务机构等，可以认定为《环境保护法》第五十八条规定的社会组织。

第三条　设区的市，自治州、盟、地区，不设区的地级市，直辖市的区以上人民政府民政部门，可以认定为环境保护法第五十八条规定的"设区的市级以上人民政府民政部门"。

第四条　社会组织章程确定的宗旨和主要业务范围是维护社会公共利益，且从事环境保护公益活动的，可以认定为《环境保护法》第五十八条规定的"专门从事环境保护公益活动"。

社会组织提起的诉讼所涉及的社会公共利益，应与其宗旨和业务范围具有关联性。

第五条　社会组织在提起诉讼前五年内未因从事业务活动违反法律、法规的规定受过行政、刑事处罚的，可以认定为《环境保护法》第五十八条规定的"无违法记录"。

2012年修订的《民事诉讼法》第五十五条正式确立了环境公益诉讼制度，2014年修订的《环境保护法》第五十八条对于"有关组织"的范围作了进一步界定，为环境公益诉讼的开展提供了法律依据。2014年以来，相关部门相继印发了《环境损害鉴定评估推荐方法》《生态环境损害鉴定评估技术指南总纲》《生态环境损害鉴定评估技术指南损害调查》等，初步构建了我国环境损害鉴定评估技术体系，为环境公益诉讼过程环境损害的鉴定评估明确了技术方法。2017年修订《民事诉讼法》第五十五条规定，在原有公益诉讼规则的基础上，增加了第二款规定："人民检察院在履行职责中发现破坏生态环境和资源保护、食品药品安全领域侵害众多消费者合法权益等损害社会公共利益的行为，在没有前款规定的机关和组织或者前款规定的机关和组织不提起诉讼的情况下，可以向人民法院提起诉讼。前款规定的机关或者组织提起诉讼的，人民检察院可以支持起诉。"2017年修订的《行政诉讼法》第二十五条新增第四款规定："人民检察院在履行职责中发现生态环境和资源保护、食品药品安全、国有财产保护、国有土地使用权出让等领域负有监督管理职责的行政机关违法行使职权或者不作为，致使国家利益或者社会公共利益受到侵害的，应当向行政机关提出检察建议，督促其依法履行职责。行政机关不依法履行职责的，人民检察院依法向人民法院提起诉讼。"从而确立了检察机关可提起环境民事公益诉讼和环境行政公益诉讼。

除了环境公益诉讼，中共中央办公厅、国务院办公厅2015年发布《生态环境损害赔偿制度改革试点方案》并在吉林等七省市试行生态环境损害赔偿制度，2017年12月正式发布了《生态环境损害赔偿制度改革方案》。最高人民法院2019年6月发布了《关于审理生态环境损害赔偿案件的若干规定（试行）》，从而在环境公益诉讼之外确立了生态环境损害赔偿诉讼。2020年《民法典》第一千二百三十四条规定："违反国家规定造成生态环境损害，生态环境能够修复的，国家规定的机关或者法律规定的组织有权请求侵权人在合理期限内承担修复责任。侵权人在期限内未修复的，国家规定的机关或者法律规定的组织可以自行或者委托他人进行修复，所需费用由侵权人负担。"依照此规定，国家规定的机关或法律规定的组织可提起生态环境损害赔偿诉讼。根据《生态环境损害赔偿制度改革方案》和《关于审理生态环境损害赔偿案件的若干规定（试行）》的规定，国家规定的机关包括省级、市地级人民政府及其指定的相关部门、机构，或者受国务院委托行使全民所有自然资源资产所有权的部门。

7.4.3 古树保护环境公益诉讼

古树保护是环境公益诉讼的重要内容。从目前各地开展的关于环境公益诉讼的实践来看，关于古树保护的环境公益诉讼主要有两种类型：一是检察机关提起的古树保护环境公益诉讼；二是社会组织提起的古树保护环境公益诉讼。

(1) 检察机关提起的古树保护环境公益诉讼

检察机关提起公益诉讼，可以发挥检察机关的法律监督职能，依法制止和纠正违法行为，维护法律秩序。最重要的是，可以通过公益诉讼制度，监督行政机关依法行使职权，纠正越权、滥用职权和不作为行为，将苗头问题控制住，防止这些问题演化成公务人员的职务犯罪。自2015年7月2日最高人民检察院发布《检察机关提起公益诉讼改革试点方案》以来，检察机关发起环境公益诉讼的案件数量显著增加。检察机关在人员配备、专业知识和实际权能方面都具有明显的优势，这保证了环境公益诉讼进程的准确性和高效性。

2021年1月1日实施的最高人民法院、最高人民检察院《关于检察公益诉讼案件适用法律若干问题的解释》（以下简称《诉讼案件解释》）第二十一条第一款规定："人民检察院在履行职责中发现生态环境和资源保护、食品药品安全、国有财产保护、国有土地使用权出让等领域负有监督管理职责的行政机关违法行使职权或者不作为，致使国家利益或者社会公共利益受到侵害的，应当向行政机关提出检察建议，督促其依法履行职责。"也就是说，检察机关在履行职责的过程中发现负有监管职责的行政机关违法行使职权或者不作为，且造成国家利益或社会公共利益受到侵害的，才能向行政机关发出检察建议，督促其依法履职。由于该建议是在诉讼之前向行政机关发送的，所以又称诉前检察建议。收到诉前检察建议后，应当根据《诉讼案件解释》第二十一条第二款规定："行政机关应当在收到检察建议书之日起两个月内依法履行职责，并书面回复人民检察院。出现国家利益或者社会公共利益损害继续扩大等紧急情形的，行政机关应当在十五日内书面回复。"依法履职，并书面回复检察机关。行政机关在收到检察建议书后拒绝履行、不予答复、拖延履行、不完全履行、不适当履行的，行政机关不依法履行职责的，人民检察院依法向人民法院提起诉讼。

在实践中，各地检察机关主要通过诉前检察建议书的形式履行古树保护环境公益诉讼的职责。检察机关依法发出诉前检察建议后，绝大多数行政机关积极行动、依法履职。通过检察建议，督促当地古树保护行政主管部门自我纠错和履职，保护公益效果十分明显，以最少司法投入获得最佳社会效益，彰显了中国特色社会主义司法制度的优越性。

【案例7-1】2021年，浙江省缙云县人民检察院针对该县双溪口乡双溪口村"古树公园"的古树存在地面硬化、病虫害等，以及古树未得到有效保护的突出问题，向双溪口乡人民政府发出检察建议书。收到检察建议书后，双溪口乡人民政府等相关单位多次组织专题研究，全面落实整改措施，对古树进行了全面的病虫害治理，加强巡检工作并加装视频监控，同时委托专业公司解决地面硬化等问题。在多方的修护下，古树已经重新焕发生机。

【案例7-2】2019年，安徽省阜阳市两级检察机关九个检察院针对该市部分古树名木遭到严重破坏的突出问题，同步向当地林业部门发出检察建议书。检察机关建议林业部门对该市境内古树名木进行全面排查，加强对古树名木的认定、登记、建档、公布和挂牌，落实养护责任，加强日常监管和对破坏古树名木违法行为的执法力度；用好古树名木保护的专项资金，落实养护补偿机制；提升市民保护古树名木的意识，增强社会各界保护古树名木的自觉性；加强司法和行政执法的办案协作，推动建立和完善地方保护古树名木的规范性文件。

(2) 社会组织发起的古树保护环境公益诉讼

社会组织发起的古树保护环境公益诉讼属于环境民事公益诉讼的范畴，根据2015年1月最高人民法院发布的《关于审理环境民事公益诉讼案件适用法律若干问题的解释》，在设区的市级以上人民政府民政部门登记的社会团体、民办非企业单位以及基金会等社会组织可提起环境民事公益诉讼。我国相关社会公益组织提起的环境公益诉讼较多，2020年，我国社会组织提起的环境民事公益诉讼案件为103件，同比上升77.6%。在实际中，提起的古树保护相关的环境公益诉讼较少，比较典型的是被称为"国内古树环境公益诉讼第一案"的中国生物多样性保护与绿色发展基金会(以下简称中国绿发会)诉讼河南省新郑市薛店镇政府毁坏古树、损害环境一案。

社会组织提起的古树保护环境公益诉讼需要经过证据收集、立案等阶段，公益诉讼的前期准备工作和诉讼成本比较高。因此，社会组织提起的古树保护环境公益诉讼更加注重把有限的资源需要投入到最符合机构角色定位和使命目标的地方，与数量相比，更需要目标清晰、精准深刻，重视通过公益诉讼推动古树保护中的典型意义与影响力。

【案例7-3】河南省新郑市是我国著名的红枣之乡，种枣历史最早可追溯到8000多年前的裴李岗文化时期，枣文化源远流长。当地生长几百年的古枣树林，使新郑及周边已经形成了稳定的古枣树人文和自然生态环境。然而，2014年1月，在新郑市薛店镇花庄村，因建设占地需要，经薛店镇政府组织、协调，花庄村民委员会在未办理采伐手续的情况下，违法移栽枣树1870株，并导致被移栽的枣树死亡。事发后，中国绿发会向郑州市中级人民法院提起公益诉讼，要求新郑市薛店镇政府等单位立即停止实施毁坏古树、损害环境的行为，恢复被毁林地。2017年12月28日，郑州市中级人民法院对此案作出一审判决，判令薛店镇政府及薛店镇花庄村委会共同赔偿生态环境受到损害至恢复原状期间服务功能损失361万余元，该款用于本案的生态环境修复或异地公共生态环境修复。被告薛店镇政府在判决生效后，在位于王张村的枣树移入地现场展示因移栽致死的古枣树，并在现场设立警示标识，作为今后生态环境保护的宣传、教育和警示基地。

本案是社会组织通过公益诉讼进行古树保护的有益尝试，通过民事公益诉讼纠正了当地政府破坏古树的违法行为，具有积极的意义。

7.5 古树保护机制创新

7.5.1 生态司法保护

生态司法保护有广义的和狭义的概念。广义的生态司法保护是指在国家现有的法律体系和法律机构框架之内，生态环境保护的行政主管机关、公安机关、人民检察院，依据各自法定职责，以案件移送、立案侦查、提起公诉，以及民事诉讼和行政诉讼的原告、人民检察院以起诉和公益诉讼的方式，并通过人民法院的刑事诉讼、民事诉讼审判、行政诉讼审判和受理、审查并执行行政强制执行申请的方式，使国家有关生态环境保护的法律得以及时、正确实施和实现的司法活动。狭义的生态司法保护是指在国家现有的法律体系和法律机构框架之内，各级人民法院根据法律规定的职责，以审判、执行的方式或手段，使国家有关生态环境保护的法律法规得以及时、正确实施和实现的司法或准司法活动。

加强古树保护离不开生态司法的支持。近年来，各地人民法院在推进生态司法保护古树的过程中，除了依法开展古树破坏相关案件的审判之外，还通过积极设立古树司法保护工作点、创新生态修复措施、生态环境损害修复资金、构建多部门执法司法衔接机制等途径保护古树。例如，福建省龙岩市中级人民法院以驻区林长制办公室法官工作室为依托，增设古树司法保护工作点，集古树保护、复绿补种、法治教育、巡回审判、志愿服务等功能于一体，进一步融合审判优势和司法保护措施。

【案例7-4】2019年5月，福建省福州市中级人民法院与福州市林业局联合制定下发《福州市古树名木生态司法保护行动方案》，成立古树司法保护联动办公室，确立有条件情况下的每株古树保护范围，设立政府支持、法院筹集、个人认捐的古树"三位一体"保障资金，建立每株古树二维码建档与保护制度，以此来推进古树司法保护工作。全市5000余株古树加挂保护牌，逐步形成具有地域特色、富含法治元素的古树司法保护品牌。2019年10月，福建省永泰县人民法院创新保护模式，联合永泰县林业局、中国人民财产保险股份有限公司，共同签订"生态环境司法+保险"合作协议，为1519株古树投保"财产损失险"和"古树公众责任险",通过推广"古树司法保护+保险"工作方式,进一步补齐古树名木受损后的赔偿和修复短板。

7.5.2 建立古树保护树长制

林长制是以保护发展森林等生态资源为目标,以压实地方党委政府领导干部责任为核心,以制度体系建设为保障,以监督考核为手段,构建由地方党委政府主要领导担任总林长,省、市、县、乡、村分级设立林(草)长,聚焦森林草原资源保护发展重点、难点工作,实现党委领导、党政同责、属地负责、部门协同、全域覆盖、源头治理的长效责任体系。2019年新修订的《森林法》规定,地方人民政府可以根据本行政区域森林资源保护发展的需要,建立林长制。2021年初,中共中央办公厅、国务院办公厅印发的《关于全面推行林长制的意见》提出,确保到2022年6月全面建立林长制。全面推行林长制,进一步压实地方各级党委和政府保护发展森林草原资源的主体责任,是生态文明建设的一项重大制度创新。安徽黄山、山东济宁、浙江秀州、路桥等地在全面推进林长制改革的过程中,围绕保护古树这一重要森林资源,创新性地提出建立古树的"树长制",实施更精准的保护。

古树保护树长制是林长制改革在古树保护领域的深化和创新。树长制主要是通过建立由当地党政主要负责人担任各级古树保护的树长,进一步明确和压实古树的管护责任,形成古树保护的新型管理体制和机制,促进古树的健康生长。"树长制"的主要内容包括:①推动古树保护责任的再落实。对辖区内的古树进行全面排查,对古树挂牌保护,对其档案信息、保护措施、保护资金、保护单位和责任人等信息再次确认,全面掌握保护现状。②聚焦重点古树群体先行先建。对古树保护示范树、示范古树群和主题公园先行建立"树长制",落实"一树一批人"管护,其中,一级古树的树长由县级林长担任,二级古树树长由乡镇级林长担任,三级古树树长由村级林长担任,示范古树群和主题公园的树长由县级林长担任。③设立树长公示牌,广泛宣传。在各示范树、示范古树群、主题公园的边缘醒目位置设置树长公示牌,向全社会宣传树长制工作,公开标明树长应当履行的职责,接受社会各方面监督。

建立古树保护的树长制是落实古树保护的相关法律法规、深化林长制改革、进一步压实地方各级党委和政府保护古树资源主体责任的重要制度创新。通过树长制的建立,更加明确古树保护的责任,推动古树的养护、复壮,形成了良好的社会示范效应,是新时代创新古树保护方式的有益尝试。

【案例7-5】2018年7月,安徽黄山风景区针对景区一级保护暨林长制示范点的74株古树名木出台了重点古树"树长制"工作方案。按照分级负责、属地管理、各司其职、各负其责的原则,建立了"树长""副树长""管护责任人""技术责任人""管护队伍"五级管护体系。其中,"树长"由"林长制"的3名副总林长(景区党工委、管委会负责同志)担任;"副树长"由"林长制"的4名片区林长(园林局领导班子成员)担任;"管护责任人"由"林长制"5名古树所在片区副林长(园林局管理区负责人)担任;"技术责任人"由4名相关管理负责人和技术人员担任;"管护队伍"由古树所在片区的园林局管理区业务技术人员、专职守护人、护林防火队员和资源保护监测站人员组成。与此同时,按照黄山风景区重点古树"日常守护、定期监测、专家咨询、应急应对、科学管护"保护体系,明确了"树长""副树长""管护责任人""技术责任人""管护队伍"各自的工作职责。以"副树长"职责为例,其职责为负责督查古树管护责任人、技术责任人、管护队伍对古树保护管理工作开展和责任落实情况，牵头解决古树保护工作面临的突出问题。

7.5.3 古树保护市场化机制

古树保护的市场化是指运用市场化的手段和途径开展古树保护的相关工作。古树保护的市场化是推进我国林业社会化服务的重要内容。大力发展林业社会化服务体系，推进政府向社会力量购买公共服务是转变政府职能、推动林业治理能力现代化的重要举措。当前，我国林业社会化服务体系稳步推进，目前，已经构建了森林防火体系、森林病虫害防治服务体系、资源控制服务体系、种苗培育和供应服务、林业科技应用推广服务、林业生产指导服务、林产品销售服务、投资供应服务、林业教育服务、林道建设和维护服务十个子服务体系。在生态保护修复领域，比较典型的社会化服务是林业有害生物的社会化防治。2020年，我国林业有害生物发生面积超过1278.45万hm^2，同比增长3.37%，防控形势十分严峻。林业有害生物的严重发生和林改后分林到户，林农成为防治责任主体出现的防治能力弱、防治技术缺乏的现实，对林业有害生物的社会化防治提出了新的要求。各地通过扶持建立防治专业组织，全面推行防治任务项目管理和招投标制等措施，取得了较好的防治效果。

古树是重要的自然资源，古树的保护是一项涉及面广、技术性强的公益事业。一方面，古树的保护涉及资源普查、调查、鉴定、信息系统维护、挂牌、日常养护、抢救复壮等多个环节的工作；另一方面，古树的保护是一项技术性很强的工作，如资源普查、树龄、树种的鉴定、古树遭受危害损害生长势衰弱时的抢救复壮等，对相关技术的要求较高。为了弥补当前我国古树保护管理中主管部门管护难度大、抢救复壮等专业技术人员不足、管护机制不灵活等问题，古树保护行政主管部门可以通过委托专业机构、政府购买服务等形式委托专业的机构开展古树的资源调查、鉴定、日常养护、抢救复壮等工作，更好地运用市场机制来保护古树资源。目前，我国部分地区创新古树保护管理模式，引入专业公司进行市场化、精细化、个性化管护，取得了良好的效果。如安徽省宿州市灵璧县在古树的树龄鉴定和编制"一树一策"保护方案等环节通过招标引入第三方专业公司，对全县待鉴定的古树进行实地查看和现场鉴定，因地制宜实施设置保护栅栏、支架支撑、填堵树洞、防治病虫害、浇水施肥等复壮管护措施，确保古树健康生长。

7.6 古树保护科普宣传

7.6.1 开展古树保护科普宣传的重要意义

科学普及简称科普，又称大众科学或者普及科学，是指利用各种传媒以浅显的、通俗易懂的方式，让公众接受的自然科学和社会科学知识，推广科学技术的应用，倡导科学方法，传播科学思想，弘扬科学精神的活动。科学普及的本质是一种社会教育。宣传是一种专门为了服务特定议题的信息表现手法，宣传具有激励、鼓舞、劝服、引导、批判等多种功能，其基本功能是劝服，即通过多种内容和形式来阐明某种观点，使人们相信并跟着行动。开展古树保护的科普与宣传对古树保护事业具有重要的意义。

(1) 开展古树保护科普宣传是提升全社会对古树保护重要性认识的需要

加强古树保护,既需要政府部门的主动作为,还需要提升全社会对古树保护重要性的认识,调动社会各方积极投入古树保护的事业中。通过开展古树保护的科普宣传,宣传古树的重要价值和开展古树保护对于保护自然与社会发展历史,弘扬先进生态文化,推进生态文明和美丽中国建设的重要意义,提升全社会对古树保护重要性的认识,形成爱护古树、保护古树的良好社会氛围,为古树保护事业营造良好的社会氛围。

(2) 开展古树保护科普宣传是科学保护古树的需要

古树保护事业的健康发展离不开科学有效的保护措施。近年来,由于人们对古树保护的科学性认识不足等,一些地方出现了过度硬化地面、围栏、标识设置方式不合理、抢救复壮措施不当等问题,造成古树及其生长环境的破坏,亟待加强古树保护技术等方面的宣传,倡导科学保护古树。另外,各地保护古树过程中形成的好的做法,经过广泛宣传,推广科学的古树保护理念和先进适用的技术,引领古树保护事业健康发展。

(3) 开展古树保护科普宣传是建设人与自然和谐共生的现代化的现实需要

党的二十大报告指出:"尊重自然、顺应自然、保护自然,是全面建设社会主义现代化国家的内在要求。"《中共中央 国务院关于加快推进生态文明建设的意见》明确要求:"对重要生态系统和物种资源实施强制性保护,保护珍稀濒危野生动植物、古树名木及自然生境"。古树历经千百年的历史洗礼,与当地环境和社会融为一体,是生态文明建设的重要抓手。从某种意义上说,哪里的古树保护得好,也就反映了该地人们的文明程度高和生态意识强。古树孕育了自然绝美的生态奇观,沉淀了深厚的文化底蕴,既是城乡景观和文化的重要组成部分,也是人们长期与自然和谐共生的生动体现。通过加强古树保护的科普和宣传,挖掘古树的生态文化内涵,推动在全社会树立尊重自然、顺应自然和保护自然的生态文明理念,把古树保护作为提升城乡生态环境质量,留住乡愁、留住文化的重要举措,是建设人与自然和谐共生的现代化的现实需要。

7.6.2 古树保护科普宣传主要形式

(1) 通过电视、新媒体等媒体平台开展古树保护科普宣传

科普专题片是指充分发挥电视、网络传播功能,应用视频技术和艺术手段,向广大观众传播科学文化知识,具有较强科学性、知识性、观赏性的影视专题片。制作专门的电视节目也是开展古树科普的重要形式。为了弘扬古树文化,提升全社会爱护古树的意识,各地运用专题片的形式开展古树科普,进行了一些探索。影响最大的是2013年国家林业局与中央电视台联合摄制的《中国古树》纪录片。纪录片共30集,单集片长10分钟。为了精益求精,国家林业局组织专家、学者选取了全国上百种古树,供中央电视台摄制组筛选,并进行多次专题研讨,最终确定了具有典型性、故事性、科普性和深厚历史文化内涵的30种古树。所选古树地理范围覆盖了西藏、新疆、福建、浙江等20个省(自治区、直辖市)及香港地区,栽种朝代包括汉、唐、宋、元、明、清等。其中有与华夏文明同生长、具有5000多年历史的"轩辕手植柏",有展示儒家文化的"孔子手植银杏",有独木成林、因著名作家巴金作品《鸟的天堂》而闻名于世的古榕树等。通过讲述它们连接古今、承载历史记忆、传承生态文明的故事,系统介绍了中国古树的文化积淀、历史传承、保护现状和生态意义。《中国古树》纪录片推出后,受到了社会各界的广泛关注,2014年国家林业局和中央电视台又联合推出了《中国古树》第二季。

近年来，随着网络直播、短视频等新的传播手段的兴起，通过网络直播等形式开展古树保护科普宣传成为一种新的形态。如2021年，安徽省绿化委员会办公室结合"全民义务植树四十周年系列宣传"，针对青少年举办了安徽古树名木线上科普活动。活动通过视频、图片、线上课程等多种形式呈现，让青少年了解到源远流长的古树名木的文化和历史。通过趣味教学，寓教于乐，提高青少年对古树名木的认识，进而提升全民生态文明意识。

(2) 通过出版图书等文化作品开展古树保护科普宣传

出版古树相关的科普图书是开展古树保护科普宣传的重要载体。古树深受人民的喜爱，我国各地出版的古树主题科普图书众多，大致可以分为两类：一类是关于各地古树相关的名录、图册等，图文并茂，详细介绍了当地的主要古树，为公众了解各地古树，提升全社会的古树保护意识起到了重要的作用；另一类是关于古树故事及其文化内涵的图书。如北京市公园管理中心、北京市公园绿地协会等编写的《古树名木故事》挑选了分布在全国各个地方有历史、有典故的各具特点的古树，每株古树都配以精美的图片，并讲述了一个极具趣味性的故事，可读性强、科普性强、受众范围广，可以当作家长给小孩讲故事的读物，并且能够寓教于乐，达到普及古树科学知识，提升古树保护意识的效果。2016年，中国林业出版社出版的《中华人文古树》，精选了全国100株百年以上数经风雨、历尽磨难，或阅尽人间沧桑、见证荣辱兴衰的古树名木，分别介绍了每株古树的人文故事以及生物学特性、生态特征、生存现状、保健措施等内容。

(3) 通过举办宣传活动开展古树保护科普宣传

开展科普宣传活动是传播古树文化、提升全社会对古树保护重要性认知的重要途径。古树保护的科普宣传活动主要包括公益讲座、实地活动、科普宣传、古树评选等形式。

①公益讲座　主要是通过邀请古树保护领域的专家学者、管理部门等人员针对青少年等群体举办讲座，介绍古树基本知识，我国具有代表性的古树及其背后的历史典故，分享古树保护情况及古树保护的意义，倡导受众走进古树、宣扬古树、保护古树。

②古树科普的实地活动　主要是举办线下的各类参观、研学、互动等活动，让受众近距离接触古树、了解古树，感悟古树的文化底蕴，进而形成爱护古树、树立生态文明的理念。

③依托相关科普场馆开展科普宣传活动是古树保护科普宣传的重要形式　广东省东莞市建有观音山古树博物馆，是我国目前唯一一座以古树为主题的博物馆，馆内收藏了近年来出土的，从黄帝时代到周、秦、汉、三国、唐、宋、明、清等中国各个历史朝代的古树近百株，填补了世界无古树博物馆的空白。该馆免费向游客开放并且专门设立了"树说历史"的主题参观路线，不仅向观众展示了古树在人类生活、科学研究、生态保护等方面的重要意义，还宣传了保护古树的基本方法，具有较高的科普价值。总体而言，当前我国专门的古树主题的科普场馆较少，古树相关的科普基础设施主要在各类自然博物馆、植物馆、科普馆中有部分涉及。如济南森林公园科普馆中就有专门的古树相关科普介绍，采用图文并茂的方式介绍国家重要的古树和济南当地的重要古树和古树群落。国内也有部分主题科普场馆中涉及古树的相关展览，如江苏省邳州市建有世界银杏博览馆，是一座以银杏为主题的博览馆，场馆内有我国知名古银杏树的介绍，同时，通过现代科技再现了孔子杏

坛讲学的场景，游览者可以通过选择某些国内的古银杏树，再选择一些美好的祝愿发送到古银杏树上进行祈福，通过互动式的游览达到了传播古树科学知识，提升古树保护意识的效果。

④开展古树评选是宣传古树、提升全社会对古树保护的关注力度，推动古树保护事业健康发展的重要措施　近年来，全国和各地广泛开展"最美古树""树王"的评选活动，充分展示古树的综合价值，让大家感受到古树给乡村绿化美化带来的直接效应，感受到古树给每个人留住的乡愁，从而不断增强全社会的古树保护意识，激发全社会融入关心、支持、保护古树的行动中，为建设生态文明、助力乡村振兴发展做出贡献。

【案例7-6】为弘扬和保护古树历史文化，增强公众生态文明意识，提高全社会对古树名木保护重要性的认识，动员社会力量参与古树名木保护事业，推进古树名木保护工作，在全国绿化委员会办公室的指导下，2016年中国林学会开展了"寻找中国最美古树"活动，通过各省（自治区、直辖市）绿化委员会等途径征集100种树种的"最美古树"。

"寻找中国最美古树"活动组建专家推选委员会，成立活动办公室，制定了可操作性的原则，即寻找推选的指标应尽量可测量、推算和判断；坚持定量与定性相结合原则，树高、树冠、胸围（地围）等指标实测定量，历史文化内涵、保护价值、树形等指标分等级定性打分；坚持综合评判原则，既要考虑树高、树冠、胸围（地围）大小，也要考虑保护价值、树形等因素；坚持公众与专家共同参与，以专家评选为主的原则；坚持相同树种之间进行比较，综合得分高者授予"最美树王"。活动经过各地推荐、汇总审查、公众推选、专家评选、公示、异议核查、社会公示等各环节，最终评选出安徽黄山松等85株（种）"中国最美古树"。寻找"中国最美古树"活动历时两年，2018年4月，由全国绿化委员会办公室和中国林学会共同向社会公布85株（种）中国最美古树，并在《国土绿化》杂志制作了《中国最美古树》专刊。"中国最美树王"的征集和公布，在全社会形成了热烈反响，极大地提高了全社会对古树保护的关注度，很好地宣传了各地古树保护的经验做法，取得良好的社会效益。

【案例7-7】各地将开展古树评选活动作为弘扬古树文化，提升全社会保护古树的意识的重要抓手，积极开展本地的"最美古树""树王"的评选活动。如福建省从2013年起，采取分期分批、分树种的方式，开展"树王"评选活动，每年评选10个树种的"福建树王"，先后组织开展了五批"福建树王"评选活动，共评选出50个树种的"福建树王"。根据评选办法，分布在福建省行政区域内、目前存活且树形完整的古树名木（不分城乡、不分权属）均可推荐参加"福建树王"评选。"树王"应是在原有生态环境下自然生长的完整树木（不是近期移植或盆栽的），并且满足树龄最老、树木最高、胸径（胸围）最粗、冠幅最大、树形最奇特、保护价值最高六项指标中一项以上。按照公众投票与专家评审相结合的办法，评选出"福建树王"。被评为"福建树王"的古树名木管理单位，获得10万元专项保护资金。2014年，浙江省绿化与湿地保护委员会和浙江省林业厅共同开展了"浙江最美古树"系列评选活动，经各地申报推荐、实地寻访、公众投票、专家评审、网络公示等程序，根据树龄、树高、平均冠幅、生长势等标准，在全省21.8万株古树中评选出109株"浙江最美古树"。

2018年，北京市园林绿化局、北京市公园管理中心在全市范围内组织开展寻找北京"最美十大树王"活动。经过申报材料形式审查、两次专家推选、公众线上线下投票、结果公示等推选环节，最终10株古树从69株候选古树中脱颖而出。天坛公园圆柏"九龙柏"、密云区新城子镇新城子村侧柏"九搂十八杈"、海淀区苏家坨镇车耳营村古油松、东城区东花市街道花市枣苑社区酸枣王、北海公园画舫斋古柯亭院内槐树"唐槐"、西城区宋庆龄故居西府海棠、门头沟区戒台寺白皮松"九龙松"、门头沟区潭柘寺银杏"帝王树"、颐和园邀月门东侧古玉兰、延庆区千家店镇千家店村榆树王等10株古树获得"最美十大树王"称号。2018年，江西省林业局组织了"江西树王"评选活动，经征集推荐、考察复核、公众投票、专家评审、媒体公示、实地核查环节，从樟树、杉树、马尾松、银杏、南方红豆杉、罗汉松、楠木、桂花、柏树、枫香10个树种中，每个树种推荐10株古树名木作为全省"十大古树"，排名第一的作为"江西树王"。江西省林业局对活动入选的古树和"树王"制定了具体的奖励和保护措施。对这次入选的100株古树全部进行奖励，其中10株"树王"每株奖励5万元，其余90株古树每株奖励2.5万元。并通过设立保护标识、设立宣传栏、制订"一树一策"养护复壮方案、及时开展抢救复壮等措施对古树进行保护。

各地开展的古树评选活动，增加了全社会对古树保护的关注，挖掘了古树的价值，提升了古树的知名度，是开展古树宣传的重要途径。

7.7 古树保护科学研究和标准体系

7.7.1 古树保护科学研究

7.7.1.1 古树保护的科学研究现状

我国古树保护的科研起步于20世纪50年代，最初主要是我国部分地区通过开展小规模的古树名木资源调查，掌握当地的古树资源分布和管理现状，开展古树保护的对策研究。从20世纪80年代开始，我国关于古树保护的研究受到专家学者的重视，古树保护的科研开始逐步发展。

长期以来，国内缺乏针对古树保护的专门研究机构，只有部分高校、科研院所一些研究团队开展古树保护的相关研究，古树保护相关的研究课题和经费较少。2016年，国家林业局成立了古树名木保护与繁育工程技术研究中心（以下简称"中心"），这是首个国家级的古树保护研究机构。"中心"结合我国古树名木恢复与繁育领域的重大技术需求，以探究古树名木长寿生存机理和衰退机制为基础，以生境修复、反幼复壮、继代繁育为目标，在现有恢复技术集成的基础上，开展系列古树名木抢救、保护和继代繁育技术研究；通过搭建技术创新平台，建设一流的古树名木专题研究实验室，吸纳国内外同行专家，全面提升古树名木保护与繁育的技术水平；同时，代表国家在技术层面上进行行业技术监管和规范，为我国古树名木的保护和开发利用提供技术支撑。

我国学者关于古树保护的科研主要集中在树龄研究、价值评估研究、健康评价研究、古树复壮研究等方面。

（1）树龄研究

树龄是划分古树等级的最重要标准，也是对其进行价值评价、损坏赔偿的主要依据。在实践中，古树名木的树龄鉴定是一个世界性难题，主要体现在以下3个方面：①由于古树受到保护，原则上不允许通过损伤方式采集样品进行树龄测定；②即使允许采集样品，由于树龄较大的古树易发生树干中空现象，仍然无法采集到树木树芯样品；③在利用树干胸围估算树龄时，由于树木个体间生长差异较大，同一胸围树木的树龄可能存在较大差异。我国学者对树龄方面的研究集中在鉴定技术、树龄无损模拟测定等方面。早在1984年，广州市园林科学研究所采用文史考证、取样计算、综合分析的方法完成了广州市古树名木树龄鉴定技术研究。随后，CT扫描测定法、针测仪测定法、年轮年代法、C14测定法等方法相继被应用于古树树龄的测定。对一个地区的具体树种，也可通过测定古树胸径，建立回归模型等无损测定古树的树龄。

(2) 价值评估研究

国内学者从古树价值评价的因素、古树价值综合评价方法、古树价值货币化研究、古树文化价值评价和古树生态价值评价等方面进行研究。古树具有生物、美学、环境和文化等方面的效益，它的价值是综合性的。古树的价值包括基本价值和附加价值，基本价值即古树自身的经济价值，附加价值包括生态价值、科研价值、文化价值等。学者运用层次分析法、支付意愿法、专家打分法等方法，研究提出了古树综合价值的评价方法。许多研究者试图建立能客观、全面反映树木价值的评价体系，以使树木的价值货币化。采用公式计算是最常用的一种方法。其中多个公式涉及基础价格和调整系数，不同公式中各自的基础价值的确定和调整系数类型的选定都会有所不同。目前，国内对古树价值的货币化评估没有统一的标准，还没有权威的评估公式，但学者们对古树单个价值的评估方法进行了探索，如文化价值和生态价值。

(3) 健康评估研究

关于古树健康状况研究主要围绕古树资源清查和古树复壮技术开展。传统的古树健康状况调查主要包括以下步骤：①收集古树的基本信息，包括树高、冠幅、胸径、树干周长、立地环境等，对古树的生长势作出判断；②通过敲击树干发出的声音判断树干内部是否存在空洞，或通过生长锥钻取一部分树干木材判断树干内部的腐烂或空洞情况；③记录古树的病虫害情况和采取的保护措施（铭牌、围栏、支撑、树洞处理和气根保护等）。传统的古树健康调查方法存在结果较笼统、主观因素较强，并且树木内部的病变情况难以检测等问题。随着电学、声学等技术的不断革新，很多电子设备，如树木雷达监测系统，应力波树木断层仪等仪器在古树树干内部健康的诊断上得到了一些应用。

(4) 古树复壮研究

学者对于古树复壮的研究主要集中在古树衰老的原因和复壮技术等方面。古树的衰老是内因和外因共同作用的结果。古树自身生理机能及代谢能力下降，树势减弱，且由于树型高大，树干腐朽中空，很容易被风刮倒吹断。树势衰弱后，对病虫害侵染的抵抗力下降，抗风雨侵蚀力减弱，更加剧衰弱。影响古树生长的外因主要有立地土壤环境的改变、人为干扰、病虫害和野生动植物的危害。其中，土壤是树体赖以生存的基础，其理化性质的好坏直接影响树体的健康状态。土壤的理化性质包括土壤紧实度、土壤通气条件、营养物质含量、土壤温度、土壤含水量等，而恶劣的土壤条件往往是导致古树衰弱的主要原因。自20世纪80年代，我国学者对古树复壮技术进行研究，取得了一定的成果。北京市园林科学研究所从1979年开始研究了古树衰弱与土壤理化性质的关系，总结出古树复壮的生理机制、土壤改良、病虫害防治等一整套综合复壮措施，为古树复壮研制出了复壮沟、渗水井、古树中药助壮剂等；广州市园林科学院研究了针对白蚁防治的移植孔施药处理和钻巢诱杀法，并提出了树洞修补的技术。天津市园林科研所研发了针对古树复壮的"古树灵"优质肥。

7.7.1.2 古树保护科学研究的发展方向

国内关于古树保护方面做了大量的研究工作，取得了很多成效，为古树的保护工作提供了科学可靠的技术支持，但是研究内容、研究方法等方面还存在许多问题，未来随着全社会对古树保护的重视程度不断提升，必须以高质量的科学研究支持古树保护事业的健康发展。

(1) 增加专业研究机构和研究项目

整合现有高校、科研院所的研究团队和人员，组建专门的古树保护研究机构，设立古树保护领域的国家级研究中心、工程技术中心、学术团体、科技创新联盟等机构，推动成立面向不同区域或树种的古树保护研究机构，逐步形成完善的古树保护研究力量。推动在国家重点研发计划、国家自然科学基金等重大科学计划中设置古树保护相关的研究课题，围绕古树保护中的重大科学问题和工程技术难题进行集中突破，不断提高我国古树保护的科技水平。

(2) 不断拓展和深化研究领域

聚焦古树树龄鉴定、衰老机理、无损监测技术、古树扩繁技术、复壮技术等古树保护的关键科学理论和技术进行深入研究，产出一批突破性的科技成果。不断拓展古树保护的研究领域，如建立古树生态监测指标体系和健康评价模型，推动古树文化价值的定量化研究，从生态文明建设影响机理视角深入研究古树的生态价值，基于古树的价值评估研究古树的保护补偿机制，研究合理利用的措施及对古树的影响等，逐步形成符合我国古树保护事业实际的科学技术体系，更好地支撑古树保护事业健康发展。

(3) 创新研究方法

充分运用遥感、物联网等新兴技术和分子标记、基因测序等新方法开展古树保护的科学研究，提升古树保护研究的科技含量。在古树的价值评估、保护补偿和支付意愿等研究领域，国外关于古树名木价值评估的研究方法已经从间接显示技术、直接显示技术逐步过渡到实验显示技术。实验技术通过控制交易规则，更容易辨别偏好的真假。重复实验给了参加实验者学习的机会，而灵活的激励手段也有助于实验者显示自己真实偏好。要应用新的研究方法，结合我国国情，科学设计研究方案，推动古树保护相关研究的拓展和深化。

7.7.2 古树保护标准体系

7.7.2.1 标准化与古树保护

标准化是指在经济、技术、科学和管理等社会实践中，对重复性的事物和概念，通过制订、发布和实施标准达到统一，以获得最佳秩序和社会效益。国家标准《标准化工作指南 第1部分：标准化和相关活动的通用词汇》(GB/T 20000.1—2002)对"标准化"的定义是："为了在一定范围内获得最佳秩序，对现实问题或潜在问题制定共同使用和重复使用的条款的活动。"林业标准化是指与林业有关的标准化活动，是运用标准化原理对林业生产的产前、产中和产后全过程，通过制定和实施标准，使生产过程规范化、系统化，从而取得最佳经济、社会和生态效益。林业标准化工作是贯穿于林业改革发展全过程的一项基础性工作，是推进林业治理体系和治理能力现代化的重要内容。古树保护需要标准化，通过制定可量化、可监督的古树普查、鉴定、养护等方面的标准和规范，对规范古树保护的管理，降低保护成本，提高保护成效，促进科技成果转化具有重要意义。

7.7.2.2 古树保护的标准体系现状

从国家技术标准体系层级来看，我国标准分为国家标准、行业标准、地方标准和团体标准、企业标准5个层次。其中，国家标准分为强制性标准、推荐性标准，行业标准、地方标准是推荐性标准。强制性国家标准由国务院批准发布或者授权批准发布；推荐性国家标准由国务院标准化行政主管部门制定；行业标准由国务院有关行政主管部门制定，报国务院标准化行政主管部门备案；地方标准由省、自治区、直辖市人民政府标准化行政主管部门制定。当前我国古树保护的标准体系正在逐步完善当中，已经出台的标准主要有国家标准、行业标准和地方标准。

(1) 国家标准和行业标准

目前，我国已经出台了1项国家标准和7项行业标准（表7-1）。其中，国家标准是2016年发布实施的《城市古树名木养护和复壮工程技术规范》，该标准规定了城市和风景名胜区内古树名木的养护和复壮技术规范。国家林业和气象主管部门出台了古树代码与条码、古树普查、鉴定、生长与环境监测技术、管护、复壮和防雷等技术规范。相关行业标准的发布和实施为规范古树保护的相关措施起到了良好的指导作用。例如，2016年发布的《古树名木普查技术规范》和《古树名木鉴定规范》，为第二次全国古树名木资源普查提供了科学的技术指导。

表7-1 古树保护相关国家标准和行业标准一览表

序号	类型	名称及编号	内容简介
1	国家标准	《城市古树名木养护和复壮工程技术规范》（GB/T 51168—2016）	为加强我国古树名木资源的保护和管理，延长古树名木寿命，促进其养护和复壮的规范化、科学化，制定本规范。本规范适用于城市规划和风景名胜区内古树名木的养护和复壮
2	行业标准	《古树名木代码与条码》（LY/T 1664—2006）	本标准规定了古树名木代码的结构、编制及条码符号的表示方法。本标准适用于古树名木管理信息系统中的数据采集、信息处理与交换
3	行业标准	《古树名木鉴定规范》（LY/T 2737—2016）	本标准规定了古树名木的术语和定义、古树分级和名木范畴、古树现场鉴定、名木现场鉴定、古树名木现场鉴定技术要求等技术规定。本标准适用于中华人民共和国范围内古树名木的鉴定工作
4	行业标准	《古树名木普查技术规范》（LY/T 2738—2016）	本标准规定了古树名木普查的术语和定义、总则、普查技术环节、普查前期准备、现场每木观测与调查、古树群现场观测与调查、内业整理、数据核查、录入与上报和资料存档等技术规定。本标准适用于中华人民共和国范围内除东北内蒙古国有林区原始林分、西南西北国有林区原始林分和自然保护区以外的古树名木的普查工作

(续)

序号	类型	名称及编号	内容简介
5	行业标准	《古树名木生长与环境监测技术规程》（LY/T 2970—2018）	本标准规定了古树名木生长与环境监测的准备、布点、频次、时间、内容、记录和成果等方面的技术要求。本标准适用于古树名木的生长于环境监测
6	行业标准	《古树名木管护技术规程》（LY/T 3073—2018）	本标准规范了古树名木养护技术、管理措施方面的技术要求。本标准适用于国内古树名木的养护管理
7	行业标准	《古树名木复壮技术规程》（LY/T 2494—2015）	规定了古树名木复壮所包括的围栏保护、生长环境改良、有害生物管理、树腔防腐填充修补、树体支撑稳固及枝条清理6项技术要求
8	行业标准	《古树名木防雷技术规范》（QX/T 231—2014）	本标准规定了古树名木防雷装置的设置、安装和维护等要求。本标准适用于古树名木的雷电防护

(2) 地方标准

各地结合古树保护工作的实际，探索出台了一系列地方标准，为地方古树保护事业的发展提供了技术指导。截至2022年年底，各地已经出台的古树保护相关的地方标准18项。内容涉及古树日常养护、保护复壮、健康诊断、雷电防护、价值评价等方面。省级层面最早出台的古树保护地方标准是2007年北京市出台的《古树名木评价标准》（DB11/T 478—2007）。部分省份，如山东省，针对油松古树和银杏古树出台了专门的技术规范，具有较强的针对性。安徽省针对黄山风景区内的古树出台了专门的古树保护管理规范和复壮技术规范。上海市出台的地方标准《古树名木和古树后续资源养护技术规程》（DB31/T 682—2013）中首次将古树后续资源的养护纳入进来。就地方标准的数量而言，北京市出台了古树保护相关的地方标准6项，涵盖古树保护的方方面面，形成了相对完善的技术标准体系。另外，我国部分副省级城市，如广州市、深圳市、杭州市等也出台了古树保护相关的地方标准。

7.7.2.3 古树保护标准体系的发展方向

当前，我国古树保护的标准体系还不完善，对规范古树保护，提升保护的效率和效果的作用有待提升。未来，古树保护标准体系建设有以下几个主要方向：①逐步完善国家标准体系，在现有国家标准的基础上，推动古树资源普查技术规范、鉴定规范、养护复壮技术规范等行业标准上升为国家标准；②加快制定古树价值评估规范、古树公园建设标准、古树健康诊断技术规范，以及樟树、柏树、枫香、银杏等10个主要树种的古树养护技术规范等行业标准，不断充实古树保护的行业标准体系；③积极推动各省（自治区、直辖市）根据辖区内古树资源状况及保护需要，因地制宜制定地方标准；④鼓励古树保护相关全国性学会、协会等组织开展古树保护相关团体标准的研制。经过各方不断努力，逐步构建以国家标准为统领，行业标准为主体，地方标准和团体标准为补充，涵盖古树保护管理各个方面和环节的标准体系。

思考题

1. 古树保护标识和设施的类型有哪些？
2. 试述古树生境保护的主要措施。
3. 简述古树群的概念和保护措施。
4. 古树保护环境公益诉讼的类型和特点是什么？
5. 古树保护科普宣传的主要形式有哪些？
6. 简述我国古树名木科学研究的发展方向。

推荐阅读书目

环境保护法教程(第八版). 韩德培. 法律出版社, 2018.
生态环境公益诉讼机制研究. 颜运秋. 经济科学出版社, 2019.
环境公益诉讼案例精编. 竺效. 中国人民大学出版社, 2019.
中华人文古树. 李青松. 中国林业出版社, 2016.

第 8 章

违反古树保护管理规定的法律责任

本章提要

　　古树保护管理法律责任主要包括行政责任、民事责任和刑事责任。基于古树保护的特殊性,以及民事责任主要由《民法典》及相应私法规范予以规制,本章主要围绕行政责任和刑事责任展开阐释。古树保护行政责任的核心是主体界定和行政违法行为的类型化划分。古树保护主管机关的违法行政责任与古树养护责任人的行政违法责任属于不同性质的行政责任。违反古树保护管理禁止性规定的责任和违反古树保护管理限制性规定的责任应加以实质区分。古树保护管理所涉及的刑事责任是《刑法》第三百四十四条所规定的"危害国家重点保护植物罪"。对于非法移栽古树的行为,在认定是否构成该罪及裁量刑罚时,应当考虑古树的珍贵程度、移栽目的、移栽手段、移栽数量、对生态环境的损害程度等情节,综合评估社会危害性,确保罪责刑相适应。

8.1　古树保护管理单位和人员的行政法律责任

　　【案例 8-1】2021 年 8 月,重庆市某区人民法院开庭审理并宣判了一起涉及古树的政府部门行政违法案件。被告重庆市某区城市管理局因怠于履行古树保护监管职责,未及时对城市古树采取有效保护措施,被法院判决确认违法。

　　事实与经过:2020 年春节,重庆市某区 4 株参天古树树干上因悬挂彩灯被钉入的铁钉并没有全部拔除,而是任其锈蚀。部分拔除铁钉留下的创口也没有及时得到养护,创面渐渐开始腐蚀干枯,甚至出现空穴创面。

　　2020 年 5 月,某区检察院调查时发现上述情况。为了保护古树不继续遭受伤害,当地检察院向某区城市管理局发出《检察建议书》,要求纠正上述不当行为。某区城市管理局初次整改后,某区检察院在 2021 年 2 月 22 日跟进监督发现,这 4 株古树再次被钉钉子悬挂灯饰,遂向当地法院提起公益诉讼。

　　行政违法是指行政管理相对人即公民、法人或者组织违反行政管理法律规范的违法行为。它与违法行政有别,违法行政是指行政主体违法。行政法律责任,包括行政管理相对人的行政违法责任和行政主体违法行政责任,是指行政法律关系主体违反行政管理法律规范所规定的义务或者所赋予的行政管理职责构成违法而应当承担的否定性或不利性法律后果。行政法律责任的特征包括:①是行政法律关系主体违法的后果;②这种违法包括违反行政管理法律规范所规定的义务和违反行政管理法律规范所赋予的行政管理职责;③责任表现是由行政违法者或者违法行政者向国家或他人承担的责任;④对于责任承担者来说,是一种否定性或不利性的评价,体现了国家惩罚性法律上的负担;⑤只能由有关的国家机关依照行政法(包括实体法和程序法)规定的条件和程序予以追究。行政主体(常表现为具体的行政机关及其行政工作人员或行政受托人)违法行政的行政责任形式通常是行政处分和行政损害赔偿;行政相对人行政违法行为的行政责任形式常见的是行政处罚。

根据上述行政法律责任两大类不同主体,在古树保护管理方面也存在古树行政管理单位及其工作人员和古树行政管理相对人(即我们常说的古树养护责任人)两类主体。鉴于古树养护责任人在古树保护管理中的特殊性和重要性,本章将专节予以论述,故本节主要围绕古树保护行政管理单位及其工作人员的行政法律责任展开。

8.1.1 古树保护管理单位和人员内涵界定

古树保护行政管理单位是指在古树保护管理过程中,履行法定职责的行政机关及其行政受托人。行政受托人的行为由行政委托人来承担责任。而古树保护管理人员通常是指行政机关中的国家工作人员。

古树保护的主管机关是林业部门和城市绿化主管部门。按照2018年中共中央办公厅、国务院办公厅印发的《国家林业和草原局职能配置、内设机构和人员编制规定》和《中共中央办公厅 国务院办公厅关于调整住房和城乡建设部职责机构编制的通知》的文件精神,林业和城市绿化行政主管部门按照职责分工负责本行政区域内的古树保护管理工作。

另外,由于古树保护涉及城乡不同区域,需要加强古树保护管理的协调工作。全国绿化委员会是国务院设立的负责统一组织领导全民义务植树和全国城乡造林绿化工作的组织协调机构,承担着古树保护管理的组织协调、检查指导等职能。全国绿化委员会办公室设在国家林业和草原局,各省级绿化委员会办公室一般设在省级林草主管部门,承担着本行政区域内古树保护管理中的各项组织协调工作。

8.1.2 古树保护管理单位的行政责任

古树保护管理主管机关,即省、市、县(区)林业和园林绿化行政主管部门的行政责任主要包括:①制定古树保护的规划;②制定古树保护的相关法律法规;③开展古树保护的宣传教育;④设立古树保护专项经费;⑤组织开展古树资源的普查、补充调查、鉴定、认定和公布,建立古树保护档案;⑥划定古树的保护范围,设立古树保护标识与保护设施;⑦管理古树的日常养护责任人,对日常养护责任人进行培训和监督管理;⑧开展专业养护,对濒危古树开展抢救复壮,制定古树重大危害的应急预案;⑨组织开展死亡古树的认定和处置;⑩督促建设工程单位落实避让和保护古树的职责;⑪开展古树移植的审批和监督;⑫开展古树保护的巡查、检查;⑬建立古树保护的举报和奖励制度;⑭建立古树保护的补偿和补助制度；⑮对古树保护的违法行为进行行政处罚，及时纠正违法行为；⑯组织开展科学研究、标准制定和技术推广。

8.1.3 古树保护管理单位及其工作人员违法行政责任

违法行政责任的认定关键在于以何种标准评价国家行政机关及国家工作人员的行政失职行为。

行政失职是指行政机关及其工作人员拒不履行职务上的作为义务的行为状态。行政失职具有如下特征：①以行政主体负有法律、法规和规章规定的职责为前提；②行政失职是一种不作为的行政违法，表现为对法定职责的"不履行"或者"拖延履行"。行政失职应与行政主体作出否定性决定区分开来。行政机关只要作出了决定，无论是"肯定性决定"还是"否定性决定"，都不是行政失职。行政失职是不作任何决定的消极状态。

行政失职作为行政机关及其工作人员拒不履行职务上的作为义务的行为状态，是一种和没有事实依据、没有法律依据或适用法律错误、行政越权、行政滥用职权、程序违法等相并列的行政违法行为。《行政复议法》第六条和第二十八条将它表述为"拒不履行保护人身权利、财产权利、受教育权利的法定职责行为"；《行政诉讼法》第十二条和第七十二条同样将它界定为"不履行法定职责"的违法行为，表现为对于公民、法人或者其他组织申请行政机关履行保护人身权、财产权等合法权益的法定职责，行政机关"拒绝履行或者不予答复"的行为状态。行政失职本质上就是指"不履行法定职责"。因此，"行政失职"与"不履行法定职责"在很大程度上可以通用，但不能将"行政失职"表述为"不依法履行职责"。因为所有行政违法本质上都是"不依法履行职责"，它可以是"作为违法"，也可以是"不作为违法"，而行政失职仅限于一种不作为违法。

同时，行政失职也不同于"拖延履行职责"。"拖延履行职责"不是"不履行职责"，只是没有及时(在法定期限内)履行职责。例如，当事人举报称古树正遭暴力性毁坏，古树管理机关(通常为林业、园林绿化机关)不派人执法干涉挽救，这属于不履行职责；但第二天才派人来执法，这就属于"拖延履行职责"。"拖延履行职责"属于程序违法，而不是指行政失职。

另外，不得将"否定性行为"混同"行政失职"。因为"否定性行为"属于作为，"行政失职"则属于不作为。行政失职是一种"不作为"。例如，公民申请行政许可，行政机关不受理、不答复，属于不作为的行政失职行为。但如果行政机关受理了，只是没有依法作出准予许可的决定，反而作出了不予许可的决定。后一种情况，不是行政机关拒不作出行为，而是作出了一种违法行为(决定)而已。所以这不是"不作为"，而是"作为"状态下的"否定性行为"。对于"否定性行为"不能作为行政失职对待，但可作为其他违法(如事实依据不足、适用法律错误等)对待。

在古树保护管理工作中，古树主管部门及其工作人员的违法行政责任主要体现为：

①未按相关规定开展古树的普查、鉴定、认定的；

②未落实古树日常养护责任人，或对日常养护责任人进行有效管理的；

③接到古树发生病虫害或者遭受人为和自然损害或生长异常、濒临死亡的报告，未及时组织专业养护的；

④接到古树名木的生长状况对公众生命、财产安全可能造成危害的报告，未及时采取

有效措施，消除安全隐患的；

⑤接到破坏古树行为的报告，未及时纠正违法行为的；

⑥接到古树死亡的报告，未组织确认并提出处置意见的；

⑦未督促建设工程单位落实避让和保护古树职责的；

⑧违反规定批准移植古树的；

⑨未定期开展古树保护巡查、检查的；

⑩有其他滥用职权、徇私舞弊、玩忽职守行为的。

古树主管部门因保护管理措施不力，或者工作人员滥用职权、徇私舞弊、玩忽职守致使古树损害或者死亡的，由其所在单位或者上级主管部门对直接负责的主管人员和其他直接责任人员依法给予行政处分；构成犯罪的，依法追究刑事责任。这种行政处分，依照《公务员法》《行政机关公务员处分条例》等规定，包括警告、记过、记大过、降级、撤职、开除。

为避免出现行政失职行为，在实践中需要多管齐下：①古树保护的主管部门要积极落实保护管理的职责，按照职责清单履行管理职能；②执法机关及其执法人员要自觉提高法治素养，养成尊法、学法、守法、用法的习惯，树立正确的权力观，依法履行法定职务；③落实容错机制，严格规范追责制度，防止连带追责、过度追责、草率追责，保护执法人员的积极性；④充分发挥行政复议和行政诉讼的作用，对于行政机关的行政失职行为，行政复议机关和人民法院应当判令其在规定期限内履行法定职责。

8.2 古树养护责任人行政法律责任

为了加强对古树的保护管理，在各地的古树保护实践中，很多地方都制定了古树养护责任人制度。

8.2.1 古树养护责任人内涵

鉴于古树养护的特殊性(古树因长势衰弱或濒危，应由管护责任单位、责任人及时报告古树行政管理部门，按照古树科学养护的要求进行治理和复壮)，养护措施应当注重科学合理，避免不当保护。当前，全国各地在古树养护的实践工作中主要以古树养护管理责任人制度为约束。

古树养护管理责任人，简称古树养护责任人，是指按照土地权属(主要是指土地使用权属)确定养护管理直接责任单位或个人的古树保护养护制度。土地权属为法人单位的，该单位土地上的古树由该单位为养护责任人或责任单位，该单位可以签订合同的形式指定具体的养护管理责任人；若古树在私人的承包地或宅基地范围内，则该承包户或个人即为养护管理责任人。在性质上，古树养护责任人属于行政管理相对人。

在实践中，古树养护实行日常养护与专业养护相结合。专业养护由县级以上人民政府林业、城市绿化行政主管部门负责。古树保护行政主管部门通过开展古树保护的巡查、检查，发现古树生长中存在的危害损坏等状况，或者通过日常养护责任人对古树遭受危害、损害或生长异常、濒临死亡的报告，及时发现问题，组织专业队伍开展专业养护，及时进行救治、消除危害。日常养护由养护责任人负责，养护责任单位或者个人应当加强对古树的日常养护，保障古树正常生长，防范和制止各种损害古树的行为，并接受林业、城市绿化行政主管部门的指导和监督检查。

在费用承担上，古树的日常养护费用由养护责任人承担。对于经费有困难的养护责任人，由县级以上人民政府林业、城市绿化行政主管部门根据具体情况给予适当补助。古树的专业养护费用，由省、市、县财政承担，交由中标的专业养护单位以项目的方式来管理。

8.2.2　古树日常养护责任人范围

实践中，主要根据古树的生长位置、古树的产权等因素确定古树的日常养护责任人。古树的日常养护责任人的划分详见本教材第6.3节古树养护制度。

区、县一级林业、园林部门应与古树养护责任人签订《养护管理责任书》，明确管护的责任、义务和具体管护措施，对古树责任人进行统一管理、统一培训，并履行检查指导职责。已经依照地方性古树管理条例进行分级的古树，已经分配养护责任人的，按古树级别进行周期性考察。古树养护责任单位或个人发生变更，应当向古树行政管理部门办理管护责任转移手续。古树死亡，应当报经古树行政管理部门确认并查明原因、责任后，方可处理。古树死亡后，原古树保护范围内的用地不得擅自挪作他用。

古树行政主管部门应当根据古树的保护需要，制定养护技术规范和养护方案，无偿向养护责任人提供必要的养护知识培训和养护技术指导。养护责任人应当按照有关技术规范和方案做好松土、浇水、施肥等日常养护工作，防止人为损害古树。发现古树发生病虫害或者遭受损害，出现明显衰弱、濒危或者死亡等异常状况的，应当及时报告古树行政主管部门。

8.2.3　古树日常养护责任人行政违法责任

养护责任人若不按照规定的养护方案进行养护，那么养护责任人制度将会形同虚设，直接导致古树"生病乃至死亡"的后果。不按规定进行养护的行为是指不按规定的管理养护方案进行养护或其他养护不善、养护不科学的行为。古树养护责任人违反养护方案、科学养护技术标准或者其他法律规范，应当承担责任。

古树养护责任人的行政违法责任常见的形式大体上包括通报批评、责令改正或履行养护职责、没收或追缴违法所得、罚款、赔偿等。具体来说，主要有如下情形：

①古树养护责任人发现古树生长异常未及时报告的，由主管机关或者其委托的单位进行批评教育，并责令改正；造成严重后果的，承担赔偿责任。

②古树养护责任人未按照养护技术规范要求进行日常养护管理，致使古树损伤的，应由主管机关或者其委托的单位责令改正，并在行政主管部门的指导下采取相应的救治措施；如其拒不采取救治措施的，则可以对其处以相应的行政罚款。

③古树养护责任人未经核实擅自注销处理死亡古树的，则应对其处以相应的行政罚款。

④古树养护责任人，无论日常养护人还是专业养护人，若由于故意或重大过失导致古树重大损害或死亡的，均应当承担损害赔偿责任。

【拓展资料：古树养护责任书】

古树养护责任书

甲方：（县管理古树的部门）

乙方：（养护责任人）

为了将本地区的古树保护和管理工作落到实处，根据相关法律法规的规定，甲、乙双方特签订本养护责任书，以资共同遵守。

一、责任范围

序号	树名	编号	树龄	长势	保护级别	生长地点

二、双方职责

甲、乙双方应当认真贯彻、执行国家、省和本地区的古树保护相关规定，禁止一切损害古树的违法行为。

三、甲方职责

1. 甲方应当确定专门管理人员对责任范围内的古树进行动态管理和定期检查(属一级保护的，至少每三个月进行一次；二级保护的，至少每六个月进行一次)，并及时做好巡视记录。发现古树生长出现异常或环境变化影响树木的情况，应及时与乙方联系，采取相应保护措施。

2. 对衰弱、濒危古树，甲方应及时组织具有相应专业资质的绿化养护单位进行复壮和抢救。

3. 甲方应向乙提供必要的古树日常养护知识、培训和技术指导。

4. 甲方应加强对古树保护的宣传，普及保护知识，积极推广应用古树保护新技术。

四、乙方职责

1. 乙方应当承担古树日常养护费用。

2. 乙方应当按照古树养护技术标准进行养护。在养护中加强对古树日常的观察、检查，如发现异常情况(如落叶、病虫害、环境变化等)应当及时向甲方反映，并积极配合进行抢救、复壮。

3. 乙方应当做好防台风、防汛应急准备工作，在汛期台风来临之际，事先做好加固、支撑、绑扎、疏通管道、排除积水等准备。若发生险情，必须与甲方联系，并做好抢救工作。

4. 乙方对古树采取的技术措施(如喷药、修剪、放肥、加土等)，应事先制订方案，在征得甲方同意后方能实施。

5. 乙方应及时掌握古树周围建设动态，如发现可能影响古树正常生长的情况，应及时向甲方报告。

6. 乙方在养护中可向甲方咨询有关养护知识，并主动参加有关技术培训。

7. 乙方应当及时对损害古树的行为予以阻止或向甲方报告。

8. 对已死亡的古树，乙方应当及时向甲方报告，在未经核实、注销前不得擅自处理。

9. 如因城市重大基础设施建设确需移植二级保护的古树,必须根据办法规定,乙方提出申请,按规定程序报批。

五、奖惩办法

1. 甲方应对在古树保护工作中做出显著成绩的责任人给予一定的奖励。

2. 乙方因养护不善,人为造成古树生长衰亡的,甲方将根据相关法律法规的规定给予处罚。

六、养护责任人发生变更,应提前三个月向甲方提出书面申请,办理养护责任转移手续,并重新签订养护责任书。

七、本责任书壹式肆份,经甲乙双方签字盖章后生效(甲、乙双方各执壹份,壹份古树所在单位留存,壹份报县园林局绿化管理办公室备案),本责任书有效期为三年。

甲方: 乙方:

法定代表人:

日期:

8.3 其他违反古树保护管理规定的行政违法责任

【案例 8-2】2013 年 5 月 13 日 19:00 时,经某园林局举报,当地某施工工地内一株古树名木倒在工地角落处,枝干断裂,树木整体遭到不同程度的损坏,惨状令人发指。经调查,该古树名木为丝棉木,在此处生长近 120 年以上,为某市挂牌的古树名木,该树胸径 75cm,周长 240cm。请问该案应如何处理?

【案例 8-3】2014 年 12 月,四川某地,3 株树龄在 100 年以上的古皂荚树因影响某企业施工,被该企业移植到了另外的地方。根据某市城市管理委员会行政执法相关程序规定,城管执法局案件审查委员会认定事实清楚、证据确凿、程序合法、适用法规正确,决定对该公司的违法行为处以 7.5 万元罚款。

"有人认为只是移植,又没有砍伐,为什么不行呢?"结合本案例,试谈你对这一观点的看法。

8.3.1 其他违反古树保护管理的行政违法行为类型

从古树保护管理规定的性质进行划分,违反古树保护管理的行政违法行为可分为:违反古树保护管理禁止性规定的行政违法行为;违反古树保护管理限制性规定的行政违法行为。区分禁止性规定违法行为和限制性规定违法行为是行政法律责任进一步细化、科学化的要求,对于古树保护管理行政违法责任的认定尤为重要。

违反古树保护管理禁止性规定行为是指任何单位或者个人违反古树保护相关法律规范,做出法条中明令禁止的损害古树的行为。它禁止或要求人们抑制一定行为,否则将会承担相应的法律责任或者行政处罚。

违反古树保护管理限制性规定行为是任何单位或者个人违反古树保护相关法律规范中限制性规定或者非绝对禁止性规定,而做出有害古树保护的行为。限制性规定主要是指古树在一定条件下允许合理使用的规定,如经济类古树虽然允许利用但不得损害古树的健康或自然生长。非绝对禁止性规定是指相关法律规范虽然禁止但在特殊情况下经过审批许可可以移植、处理古树的规定。这些非绝对禁止性规定的实行通常需要具备一定的法定条件，常见的有：对于鉴定为已死的古树，经过注销登记的；科学研究；有特殊需要的；原生环境不适宜古树生长，可能导致古树死亡的；建设项目无法避让；古树的生长状况，可能对公众生命、财产安全造成危害的；采取防护措施后，仍无法消除危害等情况，报经批准后予以处理。

古树保护并非是一概禁止砍伐、移植，当古树可能影响公众生命财产安全或重大国家社会公共利益与古树保护发生冲突时，应当对古树进行妥善的处理，以平衡私人合法权益与公共利益、古树保护利益与公共利益。这就是古树保护管理法律规范中限制性规定和一些非绝对禁止性规定存在的价值所在。

具体来说，禁止性规定违法行为和限制性规定违法行为的区分主要体现在以下几个方面：

（1）禁止性规定违法行为的主体具有普遍性，任何单位或者个人都可能成为违法主体。限制性规定违法行为一般限定为特定的主体，如利用古树的单位或个人、重点建设项目单位等。

（2）通常情况下，禁止性规定违法行为的内容形式具有广泛性，主要包括：

①非法砍伐；

②非法移植；

③非法买卖；

④擅自采摘果实和枝条；

⑤刻划、钉钉、攀爬，在树体上架设电线、缠绕、悬挂物体或者使用树干做支撑物、紧挨树干堆压物品、设置景观灯；剥损树皮、掘根、向古树灌注有毒有害物质；

⑥在古树保护范围内修建建筑物或者构筑物、敷设管线、挖坑取土、采石取砂、淹渍或者封死地面、排放烟气、倾倒污水垃圾、堆放或者倾倒易燃易爆或有毒有害物品等破坏古树生境的行为；

⑦破坏古树名木的保护设施和保护标识；

⑧违规处置死亡的古树；

⑨其他损害古树名木的行为。

【案例8-4】2017年，在广西乐业县某些因修建高速公路收费站导致5株百年榉树因施工填埋而枯萎。5株古树中的2株是挂牌的古树，树龄分别为120年、100年，其余几株树龄不详。此案例显然属于违反上述禁止性规定之⑥的行为。

相对而言，限制性规定违法行为的内容和形式具有特定性。某些古树允许利用，如经济类古树的利用，但是这种利用是有限度的或者说是有限的利用，即利用人的利用行为不得损害古树的健康；某些地方建立古树公园、古树群公园或古树观光旅游点，但是使用这些古树也必须在合理的限度内；基于某些重大社会公共利益需要移植古树，尽管获得古树保护管理部门的审批，但是对古树的移植和后续养护必须在一个相对严格的技术规范之内进行。一旦违反这些限度、限制或者技术规范的限定，就构成违反古树保护管理法规中限制性规定的行为，将承担其法律责任。

（3）违法行为的强度存在一定的差异，一般来说，禁止性规定违法行为的强度高于限制性规定违法行为。违法行为的强度越高,所要承担的法律责任也就越大。当然,由于禁止性规定违法行为种类很多,其内部所包括的不同违法行为对古树的损害程度依旧有轻重之分,所要承担的法律责任包括行政处罚也应当有所区别。

8.3.2 违反古树保护管理禁止性规定的法律责任

违反古树保护管理禁止性规定的法律责任,是指任何单位或个人(即行政管理相对人)实施了违反古树保护管理禁止性规定所引起的法律上的不利后果。国家追究该类违法行为法律责任的目的,在于维护古树的正常生长,保护历史文化承载物的传承。承担"法律上的不利后果",意味着违法者应当接受对其违法行为的谴责、否定性评价和制裁。这里的谴责、否定性评价和制裁包括行政法律责任和刑事法律责任等。

本节主要介绍行政法律责任,这是指任何单位或者个人违反古树保护管理禁止性规定,在行政法规范内应承担的法律上的不利后果。即作为古树行政管理机关对违反古树禁止性规范的行政管理相对人所给予的处罚制裁。根据不同禁止性规定违法行为,行政处罚应当区分不同情形来实行。具体可以区分为以下情形:

①对于擅自移动或者损毁古树保护牌以及保护设施的,可以由县(市、区)人民政府古树主管部门责令停止违法行为,限期恢复原状;逾期未恢复原状的,可予以罚款;造成损失的,依法承担赔偿责任。

②对于擅自砍伐或者擅自移植古树,可以由县(市、区)人民政府古树主管部门责令停止违法行为,有违法所得的予以没收,并按照古树的等级和损失程度予以不同金额的罚款。

③对于违反其他禁止性行为[如剥损树皮、挖根;在古树保护范围内新建、扩建建(构)筑物、敷设管线、架设电线、非通透性硬化树干周围地面、挖坑取土、采石取砂、非保护性填土的;在古树保护范围内烧火、排烟、倾倒污水、堆放或者倾倒易燃易爆、有毒有害物品的;刻划、钉钉、攀爬、折枝的,在古树上缠绕、悬挂重物或者使用树干做支撑物,以及其他损害古树生长行为的等行为]的,可以由县(市、区)人民政府古树主管部门责令停止违法行为,限期恢复原状或者采取补救措施,并根据古树等级和损失程度予以不同金额的罚款。

上述规定的不同行政处罚,在我国古树行政执法实践中经常使用的种类形式为警告和处罚。警告是行政主体对违法的相对人所进行的批评教育、谴责和警戒。针对违法情形轻微的,如由于饥饿或出于好奇而摘古树的果实来吃,可以由古树行政管理机关给予警告的处罚。

罚款作为最常见的古树行政处罚方式,在我国古树保护立法实践中,有些地方立法根据不同的违法行为规定不同的具体数额的罚款金额,另有些地方立法则规定罚款金额为损失额的倍数。建议国家古树保护立法可参考《森林法》等法律,原则上规定罚款的金额为古树损害导致损失额的倍数;但考虑到不同地域的古树、不同品种的古树其价值存在较大差异,且有时无法客观评估其价值,所以也可以根据违法行为的程度、不同区域品种的古树来确立具体数额的罚款金额。

【案例8-5】2017年4月,四川省某市林业主管部门将位于某地的两株桢楠树登记为某市古树,权属为个人所有。2020年4月,这两株桢楠树列为三级古树,并在当地政府信息公开网上进行了公示。2020年，李某某以景观绿化为由，出资7万元在万某处购得了这两株桢楠树，未取得林业主管部门出具的合法采伐证的情况下，雇用工人擅自将这两株桢楠树砍伐后予以贩卖。

分析：该案中李某某未经允许擅自砍伐古树并贩卖，属于禁止性规定违法行为。根据《四川省古树名木保护条例》第四十条的有关规定，由县(市、区)人民政府古树主管部门责令停止违法行为，有违法所得的予以没收，并予以罚款处罚。

【案例8-6】2021年，一家房地产企业为了方便开发建设，擅自施工将300年树龄皂荚树移走，导致古树部分树根被挖断。这株古树为村集体所有，真实树龄在310年左右，属于某市二级保护古树。经工作人员现场调查，古树周围土壤已被人为挖取，存在部分根系遭到破坏的情况。咨询市园林科学研究院相关专家后，当地林业主管部门已责令施工方将挖出土方进行回填并夯实。

分析：该案中的行为主体为施工单位，违反了古树保护管理有关规定，应承担相应的法律责任。根据《湖北省古树名木保护管理办法》的相关规定，应由古树行政主管部门责令建设单位限期改正，排除妨害。对古树造成损害的，依照本办法有关规定进行处罚。

8.3.3 违反古树保护管理限制性规定的法律责任

违反古树保护管理限制性规定的法律责任也包括行政责任和刑事责任等，这里主要为行政责任。它是指任何单位或者个人违反古树保护管理限制性规定，在行政法规范内应当承担的法律上的不利后果。一般而言，这里的不利后果的程度与违反古树禁止性规定行为的相比要轻一些。

但是，这也不是绝对的，如经过审批许可的古树移植，需要按照古树移植技术规范进行移植和养护。若没有遵循该限制性规则或技术规范而造成所移植的古树死亡的，其后果就比较严重，也应当承担比一般禁止性规定违法行为更严厉的后果。例如，许多地方立法规定，因移植造成古树死亡的，依照其价值赔偿予以处罚；因建设项目涉及古树移植、损伤和死亡的，应限期改正或进行其他保护措施，并根据古树级别或古树受到伤害程度进行罚款[*]。

针对经济类古树的利用，若违反有关限制性规定而导致古树死亡或威胁其生存的，古树管理主管机关也应对古树的所有人或利用人进行处罚。目前地方立法通常对此没有规定。

针对开发利用古树建立古树公园、古树群公园、古树旅游观光景点的，也应当规制其利用的限度，超过该限度即违反限制性规定的，也应当予以罚款或给予其他行政处罚。

8.4 古树保护管理所涉及刑事责任

古树是弥足珍贵的遗产资源，具有丰富的价值，需要进行严格的保护。对于各类破坏

---

[*] 参见《北京市古树名木保护管理条例》第十五条、第二十一条；《安徽省古树名木保护条例》第二十八条、第二十九条；《福建省古树名木保护管理办法》第二十九条。

古树的行为，除承担一定行政责任外，还要进行民事赔偿。如果情节恶劣，还可能被追究刑事责任。

8.4.1 概述

近年来，我国对古树的保护力度不断加强——2019年发布的《中国国土绿化状况公报》指出，组织完成全国古树名木资源普查，古树保护首次列入《森林法》专门条款。

2002年，全国人大常委会通过刑法修正案（四），将《刑法》第三百四十四条的犯罪对象，从"珍贵树木"扩展到"珍贵树木或者国家重点保护的其他植物"。但随着经济社会不断发展，出现了一些新情况、新问题，致使适用该法条过程中分歧较大，影响适用效果。

2020年3月，最高人民法院、最高人民检察院联合发布《关于适用〈中华人民共和国刑法〉第三百四十四条有关问题的批复》（下文简称《批复》），为古树提供了更强的法律保护。该批复明确了古树以及列入《国家重点保护野生植物名录》的野生植物，属于《刑法》第三百四十四条规定的"珍贵树木或者国家重点保护的其他植物"，规定非法移栽珍贵树木或者国家重点保护的其他植物，依法应当追究刑事责任。此次两高的《批复》，使得刑事司法保护植物范围与行政执法保护植物范围相一致，加大了依法惩治破坏植物资源犯罪的力度，既加强了生态环境的司法保护，也满足了司法实践的需要。

2021年2月，最高人民法院审判委员会第1832次会议、最高人民检察院第十三届检察委员会第六十三次会议通过了《最高人民法院、最高人民检察院关于执行〈中华人民共和国刑法〉确定罪名的补充规定（七）》，该规定自2021年3月1日起施行。该规定设立了危害国家重点保护植物罪，取消了非法采伐、毁坏国家重点保护植物罪和非法收购、运输、加工、出售国家重点保护植物、国家重点保护植物制品罪罪名。

2023年8月，最高人民法院公布了《关于审理破坏森林资源刑事案件适用法律若干问题的解释》（法释〔2023〕8号，以下简称"法释〔2023〕8号"）。法释（2023）8号第二条第三款规定："违反国家规定，非法采伐、毁坏古树名木，或者非法收购、运输、加工、出售明知是非法采伐、毁坏的古树名木及其制品，涉案树木未列入《国家重点保护野生植物名录》的，根据涉案树木的树种、树龄以及历史、文化价值等因素，综合评估社会危害性，依法定罪处罚。"依照该规定，涉及古树保护管理领域的刑事责任应当依照法释（2023）8号第二条的规定，即应按照危害国家重点保护植物罪定罪处罚。该罪规定在《刑法》第三百四十四条。

8.4.2 危害国家重点保护植物罪

危害国家重点保护植物罪是指自然人或者单位违反国家规定，非法采伐、毁坏珍贵树木或者国家重点保护的其他植物，或者非法收购、运输、加工、出售珍贵树木或者国家重点保护的其他植物及其制品的行为。危害国家重点保护植物罪构成要件如下：

(1) 客体要件

本罪侵犯的客体，是国家的林业管理制度。包括林木区域、分布、林木种植、林木树种规划、林木采伐等各项林业管理制度。这些制度以森林法为代表，包括其他国家森林保护法规以及地方森林保护法规。

我国对国家重点保护植物实行加强保护，积极发展，合理利用的方针。同时，我国还依法保护一切利用和经营管理国家重点保护植物资源的单位和个人的合法权益。任何单位和个人都有保护国家重点保护植物的义务。禁止采伐、毁坏国家重点保护植物，对于因科学研究、人工培育、文化交流等特殊需要，采伐国家重点保护植物的，必须向国务院有关主管部门申请采伐证。采伐国家重点保护植物的单位和个人，必须按照采伐证规定的种类、数量、地点、期限和方法进行采集。对于未申请采伐证或虽申请未获批准，或者未按规定的种类、数量、地点、期限方法采伐国家重点保护植物的，都严重侵犯了国家的林业管理制度，破坏了自然环境。

本罪的犯罪对象是指珍贵树木或者国家重点保护的其他植物。1992年10月林业部发布了《关于保护珍贵树种的通知》并重新修订了《国家珍贵树种名录》，将珍贵树种分为一级和二级。根据《野生植物保护条例》第十条规定："野生植物分为国家重点保护野生植物和地方重点保护野生植物。国家重点保护野生植物分为国家一级保护野生植物和国家二级保护野生植物。"依照该条例，列入《国家重点保护野生植物名录》*的植物也属于本罪保护的对象。依照法释〔2023〕8号第二条第三款的规定，古树即使未列入《国家重点保护野生植物名录》的，也应当根据树种、树龄以及历史文化价值等因素来定罪处罚。因此，古树属于本罪保护的对象。

非法采伐、毁坏的对象是珍贵树木或者是国家重点保护其他植物。珍贵树木主要还是指天然生产和无法证明是人工栽培树木植物。如红豆杉、台湾松、水松、水杉等。根据《森林法》的规定，对国家保护的珍贵树木，任何单位和个人未经省、自治区、直辖市林业主管部门批准，不得采伐和采集。对于凡是违反森林法的规定非法采伐、毁坏珍贵树木的均构成本罪，不论采伐、毁坏的数量、程度。

（2）客观要件

本罪在客观方面表现为违反《森林法》的规定，非法采伐、毁坏国家重点保护植物的行为。行为人非法采伐、毁坏国家重点保护植物的行为，违反有关森林资源保护的法律、法规，主要是指违反《森林法》及其他法规中有关采伐、毁坏国家重点保护植物的规定。《森林法》第三十九条规定："禁止毁林开垦、采石、采砂、采土以及其他毁坏林木和林地的行为。禁止向林地排放重金属或者其他有毒有害物质含量超标的污水、污泥，以及可能造成林地污染的清淤底泥、尾矿、矿渣等。禁止在幼林地砍柴、毁苗、放牧。禁止擅自移动或者损坏森林保护标志。"第四十条规定："国家保护古树名木和珍贵树木。禁止破坏古树名木和珍贵树木及其生存的自然环境。"第八十二条第二款规定："违反本法规定，构成违反治安管理行为的，依法给予治安管理处罚；构成犯罪的，依法追究刑事责任。"《野生植物保护条例》第十六条规定："禁止采集国家一级保护野生植物。因科学研究、人工培育、文化交流等特殊需要，采集国家一级保护野生植物的，必须经采集地的省、自治区、直辖市人民政府野生植物行政主管部门签署意见后，向国务院野生植物行政主管部门或者其授权

---

* 2021年9月7日，据国家林业和草原局、农业农村部消息，经国务院批准，调整后的《国家重点保护野生植物名录》正式向社会发布，1999年8月4日颁布的《国家重点保护野生植物名录》（第一批）（国家林业局 农业部第4号令）自本公告发布之日起废止。新调整的《国家重点保护野生植物名录》，共列入国家重点保护野生植物455种和40类，包括国家一级保护野生植物54种和4类，国家二级保护野生植物401种和36类。其中，由林业和草原主管部门分工管理的324种和25类，由农业农村主管部门分工管理的131种和15类。

的机构申请采集证；采集国家二级保护野生植物的，必须经采集地的县级人民政府野生植物行政主管部门签署意见后，向省、自治区、直辖市人民政府野生植物行政主管部门或者其授权的机构申请采集证；采集城市园林或者风景名胜区内的国家一级或者二级保护野生植物的，须先征得城市园林或风景名胜区管理机构同意，分别依照前两款的规定申请采集证；采集珍贵野生树木或者林区内、草原上的野生植物时，依照《森林法》《草原法》的规定办理。"违反上述法律、法规规定，非法采伐、毁坏国家重点保护植物和行为，则可构成本罪。

行为的表现形式为非法采伐和毁坏。所谓"非法采伐"，是指违反森林资源保护的法律、法规的规定，未经允许擅自砍伐国家重点保护植物的行为。所谓"毁坏"，是指毁灭和损坏，即国家重点保护植物的价值或使用价值部分丧失或者全部丧失的行为，如造成国家重点保护植物数量减少、濒于灭绝或者已经绝种等。这两种行为方式可以单独实施，也可以兼并实施，只有行为中任意一种的，即可构成本罪。毁坏的方法是多种多样的，如果行为人采用放火、爆炸等方法破坏国家重点保护植物的，由于已危害到不特定公私财产的安全，应以危害公共安全罪中的具体犯罪论处。

在司法实践中，有争议的问题是"非法移栽"行为中行政责任与刑事责任的界分。非法移栽古树应当受到相应的行政处罚，构成犯罪的，还应当承担刑事责任，以"危害国家重点保护植物罪"论处。理由如下：①非法移栽并不同于盗伐林木罪或滥伐林木罪中的"盗伐"或"滥伐"行为。后两罪中的在客观方面表现为违反保护森林法规，盗伐或滥伐国家、集体和个人所有的森林及其他林木，数量较大的行为；而非法移栽古树，如果这些古树属于刑法第三百四十四条规定的"珍贵树木或者国家重点保护的其他植物"，那么就符合该罪的客体要件；且非法移栽古树行为在解释上属于"非法采伐和毁坏"行为。②根据《最高人民法院、最高人民检察院关于适用〈中华人民共和国刑法〉第三百四十四条有关问题的批复》（法释〔2020〕2号）和《最高人民法院、最高人民检察院关于执行〈中华人民共和国刑法〉确定罪名的补充规定（七）》（法释〔2021〕2号）的规定，对于非法移栽珍贵树木或者国家重点保护的其他植物，依法应当追究刑事责任的，依照刑法第三百四十四条的规定，以危害国家重点保护植物罪定罪处罚。而且鉴于移栽在社会危害程度上与砍伐存在一定差异，对非法移栽珍贵树木或者国家重点保护的其他植物的行为，在认定是否构成犯罪以及裁量刑罚时，应当考虑植物的珍贵程度、移栽目的、移栽手段、移栽数量、对生态环境的损害程度等情节，综合评估社会危害性，确保罪责刑相适应。当然，刑事责任的承担并不影响此类行为中行政责任的承担。

(3) 主体要件

本罪的主体为一般主体。凡达到刑事责任年龄、具备刑事责任能力的自然人均可以构成。单位也可成为本罪主体。

(4) 主观要件

本罪在主观方面只能由故意构成，过失不构成本罪。关于非法采伐、毁坏国家重点保护植物以何为目的，在所不问。非法采伐、毁坏珍贵树木，有的是以营利为目的，有的仅仅是为了搭建住宅自用，有的是为了采集标本科学研究而用，但无论何种目的，只要行为人明知是国家重点保护植物，而予以采伐、毁坏的，主观上即存有故意。至于不知道树木是国家重点保护植物而采伐、毁坏的，不构成本罪。主观上是否存在故意，应根据行为人的客观表现综合进行判断，不能简单地根据行为人的供述进行认定。

【案例8-7】2020年8月8日，李某某以景观绿化为由，出资7万元在万某处购得了两株桢楠树，双方约定，李某某在向相关部门办理法律手续后，方可对桢楠树进行移栽。谁料，8月22日，李某某在未取得林业主管部门出具的合法采伐证的情况下，雇佣工人擅自将该两株桢楠树砍伐后予以贩卖。经鉴定，两株树木均为古树。

2021年8月10日，当地人民法院审理后认定被告人李某某犯危害国家重点保护植物罪，李某某被判处有期徒刑二年六个月，并处罚金人民币5000元。

分析：2021年3月1日，《中华人民共和国刑法修正案（十一）》正式实施，根据《最高人民法院、最高人民检察院关于执行〈中华人民共和国刑法〉确定罪名的补充规定（七）》，变更非法采伐、毁坏国家重点保护植物罪和非法收购、运输、加工、出售国家重点保护植物、国家重点保护植物制品罪的罪名为危害国家重点保护植物罪。

根据《中华人民共和国刑法》第三百四十四条的规定：违反国家规定，非法采伐、毁坏珍贵树木或者国家重点保护的其他植物的，或者非法收购、运输、加工、出售珍贵树木或者国家重点保护的其他植物及其制品的，处三年以下有期徒刑、拘役或者管制，并处罚金；情节严重的，处三年以上七年以下有期徒刑，并处罚金。

桢楠是国家重点保护植物，非常珍贵，村民可以种植，也可以通过买卖方式交易自己所有的桢楠，但是一定要改变"此树是我栽，此树任我砍"的传统观念，在未经过林业主管部门批准时，就算砍一株桢楠树也会承担法律责任。本案中，李某某的犯罪事实清楚，证据确凿、充分，其行为已构成危害国家重点保护植物罪，且系情节严重，法院遂作出上述判决。

思考题

1. 试述违反古树保护管理禁止性规定行为和违反古树保护管理限制性规定行为的区别。
2. 试述古树保护管理禁止性规定违法行为常见情形。
3. 试述古树保护管理限制性规定违法行为常见情形。
4. 简述古树保护行政处罚的种类。
5. 简述危害国家重点保护植物罪的构成要件。

【案例8-1】参考答案

该区人民法院审理认为，该区4株城市古树长期存在以损害树体的方式被设置夜景灯饰的情形，损害古树健康，破坏古树资源。

被告作为相关城市园林绿化管理机关，怠于履行法定监管职责，致使国家利益和社会公共利益持续受到侵害。《检察建议书》发出后，被告虽然对存在的问题进行了部分整改并书面复函，但因整改不到位，涉案古树并未得到彻底修复。在公益诉讼起诉人提起行政公益诉讼后，被告才履行职责，制订整改工作方案，委托管护单位按照相关技术规范要求进行管护。案件审理中，古树健康隐患已消除，判决被告继续履行法定职责已无必要。据此，该区人民法院最终作出上述判决。

【案例8-2】参考答案

根据《某市城市绿化管理条例》第三十八条规定"任何单位和个人不得损害古树名木，

禁止砍伐或者擅自移植，大修剪古树名木"，此行为已违反上述规定。

本案根据《某市城市绿化条例》《古树名木保护办法》和该市园林局开具的古丝棉木863 353.5元损失鉴定，该市城市管理综合行政执法总队对当事人下达行政处罚863 353.5元的《行政处罚告知书》《行政处罚决定书》，当事人履行处罚决定并交纳了罚款。

本案例就是典型的古树名木保护中行政责任中制裁性责任的典型案例。本案给我们的启示是：道路建设、拆迁等，对古树的生长环境产生了很大的影响，使它们的根系受到损伤，还有工地野蛮施工，是第一大"杀手"。从保护绿化成果和保护活文物的角度出发，对损坏古树的行为不仅要从重处罚，更重要的是保护。从生态价值、经济价值、社会价值综合来看，一棵古树带给人们不仅是昂贵的货币价值，更重要的是因其遭受损毁，它几百年的绿色积累和历史将不复存在。作为古树保护的执法者有职责也有义务去保护好所管辖范围内的历史文化和活文物，造福子孙后代。

【案例8-3】参考答案

本案例就是未经批准而进行擅自移植的典型案例，未经批准擅自移植古树应承担相应的法律责任。根据《某市古树名木保护管理规定》，禁止砍伐、擅自移植古树。如果因为公共利益需要必须移植，应经古树行政主管部门审查同意，并制订移植保护方案后，报同级人民政府批准。

推荐阅读书目

权利保障与权力制约. 湛中乐. 法律出版社, 2003.

中华人民共和国行政处罚法注释本. 法律出版社, 2021.

中华人民共和国自然资源法律法规全书. 法律出版社, 2023.

最高人民法院森林资源民事纠纷司法解释理解与适用. 最高人民法院环境资源审判庭. 人民法院出版社, 2023.

参考文献

《国土绿化》杂志. 中国最美古树[M]. 北京：中国画报出版社，2021.

彼得·D·伯登. 地球法理：私有产权与环境[M]. 郭武，译. 北京：商务印书馆，2021.

陈俊愉，张秀英，周道瑛，等. 西安城市及郊野绿化树种的调查研究[J]. 北京林学院学报，1982(2)：93-128.

董冬. 九华山风景区古树名木景观美学评价与保护价值评估[D]. 广州：华南农业大学，2016.

康桐瑞. 公益诉讼本质初探[J]. 法制与经济，2019(5)：45-46.

李莉. 中国林业史[M]. 北京：中国林业出版社，2017.

李晓东. 中国特色文物保护理论体系述略[J]. 中国文物科学研究，2014(3)：33-39.

刘鹏. 我国古树保护法律制度研究[D]. 长沙：湖南师范大学，2011.

倪根金. 明清护林碑研究[J]. 中国农史，1995，14(4)：87-97.

施春风. 《中华人民共和国森林法》解读[M]. 北京：中国法制出版社，2020.

王碧云，修新田，兰思仁. 古树名木文化价值货币化评估研究[J]. 林业经济问题，2016(6)：565-570.

王灿发. 中国环境公益诉讼的主体及其争议[J]. 国家检察官学院学报，2010(3)：3-6.

王枫，秦仲，陈幸良. 古树名木保护地方立法评析与建议[J]. 资源开发与市场，2021，37(1)：51-55.

王枫. 古树名木保护：发展历程·内涵辨析与制度构建[J]. 安徽农业科学，2022，50(15)：98-101.

王继程. 古树名木综合价值评价研究[D]. 南京：南京农业大学，2011.

杨淑艳. 全国绿化委员会办公室主要职责[J]. 国土绿化杂志，1999(2)：45.

张明楷. 刑法学[M]. 6版. 北京：法律出版社，2021.

郑辉. 中国古代林业管理[M]. 北京：科学出版社，2016.

最高人民法院环境资源审判庭. 最高人民法院森林资源民事纠纷司法解释理解与适用[M]. 北京：人民法院出版社，2023.

ZHANG Y, ZHENG B. Assessments of citizen willingness to support urban forestry: An empirical study in Alabama[J]. Arboricul & Urban Forestry, 2011, 37(3): 118-125.

附 录

附录1 《城市古树名木保护管理办法》

中华人民共和国建设部　2000年9月1日

第一条　为切实加强城市古树名木的保护管理工作，制定本办法。

第二条　本办法适用于城市规划区内和风景名胜区的古树名木保护管理。

第三条　本办法所称的古树，是指树龄在一百年以上的树木。

本办法所称的名木，是指国内外稀有的以及具有历史价值和纪念意义及重要科研价值的树木。

第四条　古树名木分为一级和二级。

凡树龄在300年以上，或者特别珍贵稀有，具有重要历史价值和纪念意义，重要科研价值的古树名木，为一级古树名木；其余为二级古树名木。

第五条　国务院建设行政主管部门负责全国城市古树名木保护管理工作。

省、自治区人民政府建设行政主管部门负责本行政区域内的城市古树名木保护管理工作。

城市人民政府城市园林绿化行政主管部门负责本行政区域内城市古树名木保护管理工作。

第六条　城市人民政府城市园林绿化行政主管部门应当对本行政区域内的古树名木进行调查、鉴定、定级、登记、编号，并建立档案，设立标志*。

一级古树名木由省、自治区、直辖市人民政府确认，报国务院建设行政主管部门备案；二级古树名木由城市人民政府确认，直辖市以外的城市报省、自治区建设行政主管部门备案。

城市人民政府园林绿化行政主管部门应当对城市古树名木，按实际情况分株制订养护、管理方案，落实养护责任单位、责任人，并进行检查指导。

---

* 编者按：此处应为标识。

第七条 古树名木保护管理工作实行专业养护部门保护管理和单位、个人保护管理相结合的原则。

生长在城市园林绿化专业养护管理部门管理的绿地、公园等的古树名木，由城市园林绿化专业养护管理部门保护管理；

生长在铁路、公路、河道用地范围内的古树名木，由铁路、公路、河道管理部门保护管理；

生长在风景名胜区内的古树名木，由风景名胜区管理部门保护管理。

散生在各单位管界内及个人庭院中的古树名木，由所在单位和个人保护管理。

变更古树名木养护单位或者个人，应当到城市园林绿化行政主管部门办理养护责任转移手续。

第八条 城市园林绿化行政主管部门应当加强对城市古树名木的监督管理和技术指导，积极组织开展对古树名木的科学研究，推广应用科研成果，普及保护知识，提高保护和管理水平。

第九条 古树名木的养护管理费用由古树名木责任单位或者责任人承担。

抢救、复壮古树名木的费用，城市园林绿化行政主管部门可适当给予补贴。

城市人民政府应当每年从城市维护管理经费、城市园林绿化专项资金中划出一定比例的资金用于城市古树名木的保护管理。

第十条 古树名木养护责任单位或者责任人应按照城市园林绿化行政主管部门规定的养护管理措施实施保护管理。古树名木受到损害或者长势衰弱，养护单位和个人应当立即报告城市园林绿化行政主管部门，由城市园林绿化行政主管部门组织治理复壮。

对已死亡的古树名木，应当经城市园林绿化行政主管部门确认，查明原因，明确责任并予以注销登记后，方可进行处理。处理结果应及时上报省、自治区建设行政主管部门或者直辖市园林绿化行政主管部门。

第十一条 集体和个人所有的古树名木，未经城市园林绿化行政主管部门审核，并报城市人民政府批准的，不得买卖、转让。捐献给国家的，应给予适当奖励。

第十二条 任何单位和个人不得以任何理由、任何方式砍伐和擅自移植古树名木。

因特殊需要，确需移植二级古树名木的，应当经城市园林绿化行政主管部门和建设行政主管部门审查同意后，报省、自治区建设行政主管部门批准；移植一级古树名木的，应经省、自治区建设行政主管部门审核，报省、自治区人民政府批准。

直辖市确需移植一、二级古树名木的，由城市园林绿化行政主管部门审核，报城市人民政府批准。移植所需费用，由移植单位承担。

第十三条 严禁下列损害城市古树名木的行为：

（一）在树上刻划、张贴或者悬挂物品；

（二）在施工等作业时借树木作为支撑物或者固定物；

（三）攀树、折枝、挖根摘采果实种子或者剥损树枝、树干、树皮；

（四）距树冠垂直投影5米的范围内堆放物料、挖坑取土、兴建临时设施建筑、倾倒有害污水、污物垃圾，动用明火或者排放烟气；

（五）擅自移植、砍伐、转让买卖。

第十四条 新建、改建、扩建的建设工程影响古树名木生长的，建设单位必须提出避让和保护措施。城市规划行政部门在办理有关手续时，要征得城市园林绿化行政部门的同意，并报城市人民政府批准。

第十五条　生产、生活设施等产生的废水、废气、废渣等危害古树名木生长的，有关单位和个人必须按照城市绿化行政主管部门和环境保护部门的要求，在限期内采取措施，清除危害。

第十六条　不按照规定的管理养护方案实施保护管理，影响古树名木正常生长，或者古树名木已受损害或者衰弱，其养护管理责任单位和责任人未报告，并未采取补救措施导致古树名木死亡的，由城市园林绿化行政主管部门按照《城市绿化条例》第二十七条规定予以处理。

第十七条　对违反本办法第十一条、十二条、十三条、十四条规定的，由城市园林绿化行政主管部门按照《城市绿化条例》第二十七条规定，视情节轻重予以处理。

第十八条　破坏古树名木及其标志与保护设施，违反《中华人民共和国治安管理处罚条例》的，由公安机关给予处罚，构成犯罪的，由司法机关依法追究刑事责任。

第十九条　城市园林绿化行政主管部门因保护、整治措施不力，或者工作人员玩忽职守，致使古树名木损伤或者死亡的，由上级主管部门对该管理部门领导给予处分；情节严重、构成犯罪的，由司法机关依法追究刑事责任。

第二十条　本办法由国务院建设行政主管部门负责解释。

第二十一条　本办法自发布之日起施行。

附录2 《四川省古树名木保护条例》

(2019年11月28日四川省第十三届人民代表大会常务委员会第十四次会议通过)

第一章 总 则

第一条 为了保护古树名木，合理利用古树名木资源，传承历史文化，促进生态文明建设和经济社会协调发展，根据《中华人民共和国森林法》《城市绿化条例》等法律、法规，结合四川省实际，制定本条例。

第二条 本条例适用于四川省行政区域内，分布在原始林外，经依法认定和公布的古树名木的保护和管理活动。

前款所称古树，是指树龄在一百年以上的树木。前款所称名木，是指具有重要历史、文化、观赏以及科研价值或者重要纪念意义的树木。

第三条 古树名木保护坚持政府主导、社会参与、属地管理、原地保护、科学管护的原则。

第四条 县级以上地方人民政府应当加强对本行政区域内古树名木保护和管理工作的领导，将古树名木保护纳入国土空间规划，并将古树名木的资源普查、认定、抢救、养护、宣传、科研等经费列入本级预算。

第五条 县级以上地方各级绿化委员会统一组织和协调本行政区域内的古树名木保护管理工作。

县级以上地方人民政府林草、城市园林绿化主管部门(以下简称古树名木主管部门)按照职责分工，负责本行政区域内古树名木保护和管理工作。

县级以上地方人民政府公安、财政、自然资源、生态环境、农业农村、水利、交通运输、文化和旅游、文物、民族宗教等有关部门在职责范围内做好古树名木保护和管理工作。

乡(镇)人民政府、街道办事处协助古树名木主管部门做好本行政区域内古树名木的保护和管理工作。

第六条 县级以上地方人民政府及其有关部门应当加强对古树名木保护工作的宣传教育，利用本地民间习俗、传统节庆，组织开展便于公众广泛参与的活动，增强全社会对古树名木的自觉保护意识。

第七条 县级以上地方人民政府及其有关部门应当支持古树名木科学保护研究，加强古树名木基因资源保护，推广应用科研成果，提高保护和管理水平。

第八条 鼓励单位和个人以捐资、认养等形式参与古树名木保护。捐资、认养古树名木的单位和个人可以享有一定期限的署名、义务植树尽责认证等权利。

县级以上地方人民政府可以对保护古树名木成绩突出的单位和个人按照国家有关规定给予表彰。

第九条 单位和个人有保护古树名木的义务，不得损害和随意处置古树名木，有权制止和举报损害古树名木的行为。

第二章 古树名木认定

第十条 县(市、区)人民政府应当每十年至少组织开展一次对本行政区域内古树名木的普查工作,全面掌握其种类、数量、分布、生存环境、保护现状等情况。

第十一条 古树实行分级保护:

(一)树龄五百年以上的树木为一级古树,实行一级保护;

(二)树龄三百年以上不满五百年的树木为二级古树,实行二级保护;

(三)树龄一百年以上不满三百年的树木为三级古树,实行三级保护。

第十二条 名木不受树龄限制,实行一级保护。符合下列条件之一的树木可以纳入名木范畴:

(一)国家领袖人物、国内外著名政治人物、历史文化名人所植的树木;

(二)分布在名胜古迹、历史园林、宗教场所、名人故居等,与著名历史文化名人或者重大历史事件有关的树木;

(三)列入世界自然遗产或者世界文化遗产保护内涵的标志性树木;

(四)树木分类中作为模式标本来源的具有重要科学价值的树木;

(五)其他具有重要历史、文化、观赏和科学价值或者具有重要纪念意义的树木。

第十三条 县(市、区)人民政府古树名木主管部门应当按照国家古树名木鉴定规范对古树名木组织鉴定。

对拟列入保护的古树名木,按照下列规定依法进行认定和公布:

(一)一级古树和名木由省人民政府认定和公布;

(二)二级古树由市(州)人民政府认定和公布;

(三)三级古树由县(市、区)人民政府认定和公布。

第十四条 县级以上地方人民政府古树名木主管部门应当按照"一树一档"要求,建立古树名木图文档案信息,并对古树名木的位置、特征、树龄、生长环境、生长情况、保护现状等信息进行动态管理。

省绿化委员会应当制定古树名木认定规范,组织建立全省古树名木资源数据库和专家库,统一向社会发布古树名木名录。

第十五条 县级以上地方人民政府古树名木主管部门应当组织专家参与本行政区域内古树名木鉴定、抢救复壮、养护管理、保护方案审查、安全评估等相关工作。

第十六条 鼓励单位和个人向古树名木主管部门提供未经认定和公布的古树名木资源信息,县(市、区)人民政府古树名木主管部门应当及时组织调查、鉴定。属于古树名木的,依照本条例第十三条规定进行认定和公布。

第十七条 县(市、区)人民政府古树名木主管部门可以结合古树名木资源普查情况,确定树龄在八十年以上不满一百年的树木作为古树后续资源,参照三级古树实施保护。

第三章 古树名木养护

第十八条 古树名木的养护实行日常养护和专业养护相结合。养护规范由省绿化委员会发布。

第十九条 古树名木的日常养护责任人按照下列规定确定:

（一）机关、学校、部队、社会团体、企事业单位或者文物保护单位、宗教活动场所等用地范围内的古树名木，所在单位为日常养护责任人；

（二）机场、铁路、公路、江河堤坝和水库湖渠用地范围内的古树名木，机场、铁路、公路和水利工程管理单位为日常养护责任人；

（三）国家公园、自然和文化遗产地、自然保护区、风景名胜区、旅游度假区、林场和森林公园、地质公园、湿地公园、城市公园用地范围内的古树名木，其管理机构为日常养护责任人；

（四）城市道路、街巷、绿地、广场以及其他公共设施用地范围内的古树名木，其管理机构或者城市园林绿化管理单位为日常养护责任人；

（五）城镇居住区、居民庭院范围内的古树名木，实行物业管理的，物业服务企业为日常养护责任人，未实行物业管理的，街道办事处为日常养护责任人；

（六）乡镇街道、绿地、广场以及其他公共设施用地范围内的古树名木，乡(镇)人民政府为日常养护责任人；

（七）农村承包土地上的古树名木，承包人、经营者为日常养护责任人；农村宅基地上的古树名木，宅基地使用权人为日常养护责任人；其他农村土地范围内的古树名木，村民小组或者村民委员会为日常养护责任人；

（八）个人所有的古树名木，由个人负责养护。

日常养护人不明确或者有异议的，由古树名木所在地县(市、区)人民政府确定。

第二十条　县(市、区)人民政府应当与日常养护责任人签订日常养护责任书，明确日常养护权利和义务。

古树名木日常养护责任人发生变更的，应当按照本条例相关规定重新签订日常养护责任书。

第二十一条　古树名木日常养护责任人应当按照养护规范做好日常养护工作，并防止对古树名木的人为损害。

县级以上地方人民政府古树名木主管部门应当无偿向日常养护责任人提供必要的养护知识培训和技术指导。

第二十二条　县级以上地方人民政府古树名木主管部门应当定期组织专业技术人员或者通过购买服务的方式对古树名木进行专业养护。

第二十三条　古树名木遭受有害生物、自然损害、人为损害或者生长异常的，日常养护责任人应当及时报告所在地县(市、区)人民政府古树名木主管部门处理。

县(市、区)人民政府古树名木主管部门应当在接到报告后五个工作日内，组织专家和技术人员现场调查，查明原因和责任，采取抢救、治理、复壮等措施。

第二十四条　县级以上地方人民政府应当按照古树名木等级给予日常养护责任人适当养护补助，可以根据养护状况、费用支出等情况给予养护责任人适当奖励。

第四章　古树名木管理

第二十五条　古树名木按照不小于树冠垂直投影外三米划定保护范围。

在城市、镇规划区和其他特殊区域内的古树名木以及古树群，其保护范围可以由县(市、区)人民政府古树名木主管部门根据实际情况划定。

第二十六条　县(市、区)人民政府应当根据实际需要,在古树名木周围设置支撑架、保护栏、避雷装置等必要保护设施。

县(市、区)人民政府应当设置古树名木保护牌,标明中文名称、学名、科属、树龄、保护级别、编号、挂牌单位等内容。保护牌的编号和样式由省绿化委员会统一确定。

任何单位和个人不得擅自移动或者损毁古树名木保护牌以及保护设施。

第二十七条　禁止下列损害古树名木的行为:

(一)擅自砍伐;

(二)擅自移植;

(三)刻划、钉钉、攀爬、折枝、挖根、剥树皮,在古树名木上缠绕、悬挂重物或者以树干为支撑物;

(四)在古树名木保护范围内非通透性硬化地面、敷设管线、架设电线、挖坑取土、非保护性填土、烧火、排烟、采石取沙、倾倒污水垃圾、堆放或者倾倒易燃易爆、有毒有害物品;

(五)其他损害古树名木正常生长的行为。

第二十八条　禁止在古树名木保护范围内新建、扩建建(构)筑物。

国家和省重点建设项目确需在古树名木保护范围内进行建设施工,无法避让的,建设单位应当在施工前制订古树名木保护方案,并报县(市、区)人民政府古树名木主管部门备案。县(市、区)古树名木主管部门应当对保护方案的制订和落实进行指导、监督。

建设项目影响古树名木正常生长的,建设单位应当采取避让措施;对古树名木生长造成损害的,建设单位应当承担相应的复壮、养护费用。

第二十九条　有下列情形之一的,可以申请对古树名木进行移植,实行异地保护:

(一)原生长环境发生改变不适宜古树名木继续生长,可能导致古树名木死亡的;

(二)古树名木可能对公众生命安全造成危害,且无法采取防护措施消除隐患的;

(三)因国家和省重点建设项目确实无法避让且无法对古树名木进行有效保护的。

移植古树名木应当制定移植方案,落实移植、养护费用,并按照有关法律、法规的规定审批。

第三十条　经批准移植的古树名木,应当按照批准的移植方案实施移植。符合本条例第二十九条第一款第一项、第二项的规定移植古树名木的,移植费用以及移植后五年内的养护费用按古树名木等级由县级以上地方人民政府承担;符合本条例第二十九条第一款第三项的规定移植古树名木的,移植费用以及移植后五年内的养护费用由申请移植单位承担。

移植后,古树名木所在地县(市、区)人民政府古树名木主管部门应当及时更新古树名木档案、办理移植登记并变更日常养护责任人。

第三十一条　有下列情形之一的,可以申请对古树名木进行砍伐:

(一)符合本条例第二十九条第一款第二项、第三项的规定,且树种生物学特性特殊,现有技术手段不能移植成活的;

(二)感染松材线虫等传播性有害生物,且不可防治的。

砍伐古树名木应当制定砍伐方案,并按照有关法律、法规的规定审批。

第三十二条　有审批权的古树名木主管部门受理移植或者砍伐的申请后,应当进行审查，必要时可以组织专家论证，保存相关资料，并进行公示，接受公众监督。

第三十三条　古树名木死亡的，日常养护责任人应当及时报告所在地县(市、区)人民政府古树名木主管部门，古树名木主管部门应当自接到报告之日起十个工作日内组织专业技术人员进行核实、鉴定，查明原因和责任。确系死亡的，按古树名木等级报相应古树名木主管部门注销档案。

死亡的古树名木仍具有重要历史、文化、景观、科研等价值或者重要纪念意义的，经相应主管部门确认后，由县(市、区)人民政府采取措施消除安全隐患后予以保留。

第三十四条　古树名木保护措施影响文物保护的，古树名木主管部门应当与文物行政部门协商，采取相应保护措施。

第三十五条　在保护优先的前提下合理利用古树名木资源。

鼓励利用古树名木优良基因，开展物候学、生物学、遗传育种等科学研究，合理利用古树名木花、叶和果实等资源。

鼓励结合古镇古村落、古民居保护，挖掘提炼古树名木自然生态和历史人文价值，建设古树名木公园和保护小区，开展自然、历史教育体验活动。

利用古树名木资源应当采取有效保护措施，不得损害古树名木正常生长，并接受古树名木主管部门监督。

第三十六条　县级以上地方人民政府古树名木主管部门应当加强对古树名木保护的监督管理，每年至少组织一次对古树名木保护工作的检查。

县级以上地方人民政府古树名木主管部门根据本行政区域内古树名木数量、等级、生长状况等情况统筹安排保护经费。

第三十七条　县级以上地方人民政府古树名木主管部门应当建立举报制度，公布举报方式，及时受理单位、个人及其他组织对损害古树名木行为的检举，并依法查处；对不属于本部门职责范围的，应当及时移交相关部门依法查处。

第五章　法律责任

第三十八条　违反本条例规定，法律、行政法规已有法律责任规定的，从其规定。

第三十九条　违反本条例第二十六条第三款规定，擅自移动或者损毁古树名木保护牌以及保护设施的，由县(市、区)人民政府古树名木主管部门责令停止违法行为，限期恢复原状；逾期未恢复原状的，处五百元以上一千元以下的罚款；造成损失的，依法承担赔偿责任。

第四十条　违反本条例第二十七条第一项、第二项规定，擅自砍伐或者擅自移植古树名木，由县(市、区)人民政府古树名木主管部门责令停止违法行为，有违法所得的予以没收，并按照以下规定处以罚款：

(一)擅自砍伐一级古树或者名木的，每株处一百万元以上二百万元以下的罚款；擅自砍伐二级古树的，每株处五十万元以上一百万元以下的罚款；擅自砍伐三级古树的，每株处十万元以上五十万元以下的罚款。

(二)擅自移植一级古树或者名木的，每株处五万元以上十万元以下的罚款；擅自移植二级古树的，每株处三万元以上五万元以下的罚款；擅自移植三级古树的，每株处一万元以上三万元以下的罚款；擅自移植古树名木造成死亡的，依照第一项的规定处罚。

第四十一条　违反本条例第二十七条第三项、第四项、第五项规定,有下列行为之一的,由县(市、区)人民政府古树名木主管部门责令停止违法行为,限期恢复原状或者采取补救措施,并根据古树名木等级按照下列规定处以罚款:

(一)剥损树皮、挖根的,处五千元以上三万元以下的罚款;

(二)在古树名木保护范围内新建、扩建建(构)筑物、敷设管线、架设电线、非通透性硬化树干周围地面、挖坑取土、采石取沙、非保护性填土的,处三千元以上二万元以下的罚款;

(三)在古树名木保护范围内烧火、排烟、倾倒污水、堆放或者倾倒易燃易爆、有毒有害物品的,处一千元以上五千元以下的罚款;

(四)刻划、钉钉、攀爬、折枝的,在古树名木上缠绕、悬挂重物或者使用树干作支撑物以及其他损害古树名木生长的行为的,处五百元以上一千元以下的罚款。

有前款违法行为导致古树名木死亡的,依照本条例第四十条第一项的规定处罚。

第四十二条　违反本条例第二十八条规定,未制定保护方案或者未采取避让措施,涉及一级古树或者名木的,每株处三万元以上五万元以下的罚款;涉及二级古树的,每株处二万元以上三万元以下的罚款;涉及三级古树的,每株处一万元以上二万元以下的罚款。

未制定保护方案或者未采取避让措施造成古树名木死亡的,依照本条例第四十条第一项的规定处罚。

第四十三条　违反本条例第三十条规定,未按照批准的移植方案移植的,由县(市、区)人民政府古树名木主管部门责令限期改正或者采取其他补救措施,依照本条例第四十条第二项的规定处罚。

未按照批准的移植方案移植造成古树名木死亡的,依照本条例第四十条第一项的规定处罚。

第四十四条　县级以上地方人民政府古树名木主管部门和相关部门违反本条例规定,有下列情形之一的,由所在单位或者上级主管部门对直接负责的主管人员和其他直接责任人员依法处理:

(一)未依法履行古树名木保护与监督管理职责的;

(二)违法批准移植、砍伐古树名木的;

(三)其他滥用职权、徇私舞弊、玩忽职守行为的。

第六章　附　则

第四十五条　本条例自 2020 年 1 月 1 日起施行。

附录3 国外与古树名木类似概念的树木保护法律制度概况

纵观世界其他国家的古树名木保护相关立法，较少有针对古树名木的单独立法，而是以"大树""老树""遗产树"等类似的概念进行登记或立法保护。以下主要介绍美国、英国、澳大利亚、新西兰和加拿大及欧洲的古树名木类似概念的树木保护情况。

一、美国的国家大树计划、遗产树计划和树木保护条例

美国法律具有联邦法律和州法律两套体系。按照美国宪法，联邦与各州实行分权原则，联邦与州具有各自相互独立的立法机构和司法体系。美国没有全国统一的联邦普通法，只有州普通法。这些特点在树木保护法律法规方面得到体现，美国没有全国统一的树木保护条例，也没有统一的树木保护条例，但州一级有树木保护条款，放在其他法规之中。市县一级，一般都有树木保护条例。国家大树计划和遗产树计划，都提到树木保护条例。因而，地方的树木保护条例是美国树木保护体系的主要法律支撑。

美国的树木保护实践历史很长，与古树名木相关的树木保护有：美国国家大树计划和遗产树计划。国家大树计划针对所有入选树种的最大树木，遗产树计划针对按地方法规定义的遗产树。

（一）美国国家大树计划

美国国家大树计划（National Big Tree Program,）旨在登记和保护国家和地方的树王（Champion Trees）。该计划具有很长的历史，1940年建立，至今已经有80多年历史，它是一个自下而上、从市县和州到全国广泛实施的计划。

（1）机构与赞助者

国家大树计划的负责机构是"美国森林（American Forests，AF）"。美国森林是美国最早的国家非营利性保育组织之一，其发起的国家大树计划是一个清查、鉴定和保护美国树种中最大树木的项目。每年有750株以上"树王"加冕，记录在每半年出版一次的《国家大树登记册》上。该计划的目标是：维护和促进树木活"树王"的标志性地位，教育人们认知树木和森林在维护健康环境中的关键作用。

探寻美国最大树木的活动，最早是由《美国森林》杂志在1940年9月发起的。当时知名的森林学家约瑟夫·斯特恩发表了他的文章《让我们查找和保存最大的树》。自从1940年以来，美国森林一直负责国家大树登记工作，国家大树计划覆盖50个州和哥伦比亚特区。自1989年以来，该计划得到戴维树木专家公司（The Davey Tree Expert Company）的赞助。

（2）树王及其评选资格

树王是指国家或州范围内某个树种树木积点最大的树木。当一个树种命名了两个或两个以上树木积点最大或接近最大的树木时，则称为共树王（Co-Champion Trees）。

评选树王或共树王的树种是有专门的规定。国家大树登机构规定，美国有870个树种（含变种）具备评选资格。这些树种必须是美国本土树种、非本土树种、归化树种或自然分布的变种，但杂种、品种、观赏植物和未分类的树种等不包括在内。美国森林列出的名录是以美国农业部植物数据库和综合分类信息系统（Integrated Taxonomic Information System，ITIS）为依据的。

要评选树王,首先要定义树木。树木定义为:木本植物,具多年生主干,主干 4½ 英尺(1 英尺 ≈ 30.48cm,4.5 英尺 ≈ 137.16cm)处的周长至少达到 9.5 英寸(1 英寸 ≈ 2.54cm,9.5 英寸 ≈ 24.13cm),形成完整的树冠,树高至少达到 13 英尺(396.24cm)。按中国习惯的米制单位来测量,相当于 1.37m、胸径 7.68cm、树高接近 4m。

(3) 树王评选办法和程序

美国森林制定了大树测量规程(measuring guidelines),其要点包括:①衡量单位:树干周长为英寸,树高为英尺,平均冠幅为英尺;②树木积点计算公式:总积点=树干周长(英寸)+树高(英尺)+1/4 平均冠幅(英尺)。

树王评选是动态的,只要树木积点能够超越,新的树王可以取代老的树王。当两个或多个提名的候选树王时,最大树木和比其小 5% 树木积点以内的树木共同定位共树王。树王每 10 年重新测量一次。

美国森林强调评选树王是一个树木保护的过程,因而专门制定了《树木保护工具包》(Tree Protection Toolkit)。根据该工具包,树木保护包括 10 个步骤:

①明白要提名的树木为什么很重要 认知树木实际上是一个巨大生态系统——城市森林的一部分。城市森林是指"社区内和周边树木和其他植被构成的生态系统,它包括街道和庭院树木、公园、公共道路和水系",城市森林对人的健康和生活质量至关重要。另外,城市森林和树木也需要人的帮助以保持健康生长。

②确定拟提名的树木为什么受到威胁 拟提名的树木是否有被移植的风险?是否有健康问题?对人的健康、生命和财产是否构成危害?

③咨询树木专家 通过咨询树木专家,可以对树木面临的风险进行评估。可以通过国际树木培育协会(International Society of Arboriculture,ISA)网站查找当地的树木专家。

④找到地方树木保护条例 保护树木是当地社区建立的公共法律,用以保护树木,保存绿色空间和管理城市森林。所在社区也可能有相关的树木保护法律。

⑤与当地政府取得联系 市县政府有负责管理树木和土地利用的部门或机构。通过找到当地熟悉树木条例的专家,获得树木保护测量的细节。

⑥计算树木价值 据美国林务局测算,每年投资树木 1 美元,会得到 2.7 美元回报。树木价植的评估计算工具如 i-Tree Design(http://itreetools.org/design.php)、i-Tree(Tools http://itreetools.org/)等。

⑦提名树王 填写《大树国家登记提名表》,主要内容包括:俗名、学名、测量数据、生长条件及健康状况、地理位置、其他信息、联系信息、照相日期等。

⑧起草提名信 起草提名树王的推荐信,以获得市议会的支持,并支持推荐树王。

⑨获得社区支持 可以通过书信写作、请愿书和媒体报道等途径,让社区了解。

⑩编写故事 写明拯救树木的喜悦和挫折。

(4) 树王评选基本情况

2015 年美国登记在册的树王和共树王共有 781 株。尚有 200 多个树种尚无树王。树王的积点高达 1320(巨杉 *Sequoiadendron giganteum*),也可以低至 22(一种花椒属植物 *Zanthoxylum coriaceum*)点;但它们都是各自树种积点最大者。因此,不同的树种,树王和共树王的积点大小差别很大。再如以下不同树种树王积点分别为北美乔柏(*Thuja plicata*) 931、西加云杉(*Picea sitchensis*) 883、卡罗来纳鼠李(*Rhamnus caroliniana*) 47、尖叶桤叶树

(*Clethra acuminata*)46、格雷基白蜡(*Fraxinus greggii*)37。

（二）遗产树计划

遗产树(Heritage Tree)是指大型、具有独特价值、不可替代的树木个体。遗产树计划(Heritage Tree Program)旨在保护历史的、标本的、稀有的或重要的树木或树群。遗产树计划目前属于地方性的、局部的保护计划。1995年，俄勒冈州率先启动遗产树计划，遗产树计划实施的典范城市是明尼苏达州明尼阿波利斯市、俄勒冈州波特兰市、华盛顿州西雅图市、加利福尼亚州好莱坞市和弗吉尼亚州威廉斯堡市。以下是两个案例。

（1）西雅图遗产树项目

树木大赦组织(Plant Amnesty)与西雅图市政府合作，于1996年发起美国第一个遗产树活动。西雅图的遗产树可以是城市公共树木，也可以是私人财产。每个候选树需经树木培育专家评估和认可，再交由评审委员会评估。遗产树可由个人或集体提名，但必须经业主批准，并符合健康标准。遗产树类别包括：①标本树：尺寸、形状或稀有的树木；②历史树：具有确切年龄的树木，它与特定历史性建筑物或地区有关，或与知名人物或历史事件有关；③地标树：是社区的地标树木；④树群：知名小丛林、行道树或其他树木。每个遗产树可获得证书，授予匾额(经费自理)，并对公众开放。

（2）华盛顿州奥斯威戈湖市(Lake Oswego)遗产树项目

遗产树必须满足下列标准中的至少一个：①树木或树木群，具有重要的历史意义，并与个人或团体的生活相关，或他们对城市历史具有显著贡献。②树木或树木群，在树种、大小、年龄等方面具有遗产价值。③树木或树木群，代表社区或特别区域内重要的和杰出的实体。

总而言之，从保护对象和类别来看，树王类似于我国的古树，遗产树相当于我国的名木，而树木城市计划的保护对象则是当地法律规定的所有城镇树木。

（三）树木保护条例

根据佐治亚州2006年发布的《乔治亚州树木条例》(Georgia's Tree Ordinances)，条例的主要内容包含47项。

（1）树木保护条例的适用范围与豁免范围

有的树木保护条例(以下简称《条例》)适用公有财产，有的《条例》适用私有财产，有的《条例》适用公有和私有财产。如佩里市(Perry)的《条例》适用于私有和公有土地干扰许可证颁发。坎顿(Canton)市的《条例》列出了适用的开发项目类型表，包括住宅豁免、农业豁免、森林经理豁免、商业树木开发豁免、即将发生的危险性豁免、昆虫或疾病豁免、紧急豁免、管线豁免。

（2）《条例》的执行队伍

《条例》规定了三支执行队伍。①行政官员。小的县市一般由树木委员会负责管理；大的县市，建立专门的部门，任命部门主任，负责部门通常为规划、开发或工程等部门。②树木专家或林业专家。人员为在任市政工作人员，或社区雇佣的私人顾问。如雅典-克拉克县(Athens-Clarke County)，有社区林业专家和社区树木专家。社区林业专家对园林管理处负责，协调社区树木计划，并向工作人员提供技术帮助。社区树木专家对规划部门主任负责，提供技术帮助，到拟开发地执行现场勘察。③树木管理委员会。如雅典-克拉克县有社区树木管委会，成员包括1名市长代表、10名区域代表、3名树木或开发相关专业专家和 1 名社区林业专家，共 15 人，社区林业专家兼任秘书。

(3) 管护经费预算

如菲茨杰拉德县的《条例》写道："市政年度预算应包括用于本章所指管理的拨款，每年的拨款量要合适"。塞诺亚(Senoia)县《条例》写道："资助树木计划应纳入市政年度预算项目，城市管理员负责提供详细的树木养护计划和预算。"

(4) 从业资格证书

分为两类：一类是树木工作从业人员应具有的执照，或国际树木培育协会(ISA)的资格证书；另一类是从事调查、规划工作的专门专业证书。

(5) 树木移植许可

树木移植许可涉及的面很广，如开发许可、立地开发许可、土地使用许可、开发初步认证；土地扰动或土地开发活动许、泥沙控制许可；单独立移树许可或批准书；景观许可。如哥伦比亚县，在开发地上移植胸径 16 英寸及以上的树木，需要获得许可证。道格拉斯县，未经许可，移植胸径 4 英寸及以上的树木，属于违法行为。

(6) 行政许可申请费

奥斯特(Austell)市，审核开发规划是否符合《条例》，收费 100~500 美元。克莱顿县，商业开发补植树造林要求 15TDU*/英亩，工业开发 20TDU/英亩。

(7) 工程区保留树木的保护标准

实施开发项目前，必须制定保留树木的保护计划，包含以下专门的要求：限制树木保护区(TPZ)的人为活动；限制 TPZ 外围的车辆通行和停车；地下管线不得靠近关键根区(CRZ)；安装 TPZ 围栏和标识；围栏安装后、施工前进行检查；整个施工过程维持围栏不受破坏；防治建筑泥沙干扰；在 CRZ 和 TPZ 范围内禁止挖沟、车辆通行和停车、设备冲洗和材料储存。

(8) 工程项目就地复植树要求

《条例》要求，降坡、建造、景观、防渗等工程完工后，必须进行复植，并对树种、大小、高度、冠幅、树种多样性(针、阔叶树)等进行了专门的规定。

(9) 工程项目异地补植树要求

当工程项目无法满足 TDU 要求或完全清场时，要求异地补植树。异地补植主要有两种形式：异地补植或提交植树金。异地补植一般在工程项目周边，多数社区必须在私有土地上进行异地补植。2002 年，达里恩(Darien)县，植树金按株算，1 株大树 400 美元。

(10) 树木保护和树木重植规划

多数社区在建设项目审批时要求有某些规划，这些规划应包含现场已存在树木信息、将要保留的树木信息和将要种植的树木信息。规划的类型有：缓冲区与景观规划、开发地及侵蚀控制规划、绿色空间规划、树木管理、保护与保存规划、再造林规划等。

二、英国的古树和老树保护政策

英国古树名木资源泛指具有特殊价值和意义的树，这类树木特殊的原因包括树龄较大、为其他野生生物提供重要的生境、外观形体远超出同树种平均水平、同重大历史事件

---

* TDU＝Tree Density Unit 树木密度单位，相当于 1 株胸径 13~14 英寸($\approx$33.02~35.56cm)树木的胸径处的圆周面积，称为 1 个 TDU 基面积。15TDU 相当于所补植树木的胸高圆周面积之和要达到 15 个 TDU 基面积。

紧密相连或具有显著的文化意义等。英国将古树和老树定义为："由于其年龄、大小和特征，具有非凡的生物多样性、文化或遗产价值的树。"一切古树都是老树。并不是所有的老树都足够古老，但相对于其他相同物种的树来说是老的。相关补充建议说道，在古老的森林牧场、历史公园、灌木篱墙、果园、公园或其他地区，存在单株或成群的古树和老树。任何树种的极少数树木是古树。需要注意的是，所有古树都是老树，但并不是所有老树都是古树。古树可能不是很老，但它有腐烂的特征，如树枝死亡和空洞。这些特点有助于提高其生物多样性、文化和遗产价值。

在国家政策引导方面：一是提供明确的地方政策指导，确保地方规划文件包含足够清晰和详细的保护古代林地和老树，为所有相关人员提供确定性。二是提供指导原则。应用以下原则指导城市建设选址和后续开发设计：避免伤害；提供需求和效益的明确证据；提供生物多样性净收益。三是鼓励良好的实践，在准备开发建议时，遵循场地评估和设计的既定良好做法：确定可能性并确定影响类型；实施适当的缓解和补偿；提供足够的缓冲；提供足够的证据来支持规划建议。

三、澳大利亚的大树登记和首都领地树木保护法

澳大利亚的"国家大树登记(National Register of Big Trees，NRBT)"，作为一个负责大树登记的法人团体，成立于2009年，致力于登记本土树种的大树。该团体与联邦和州林业部门、环境部门和国家公园管理部门密切配合，旨在通过大树保存来促进树木生长、自然美景和遗传资源的保护。此外，澳大利亚的"Giant Trees""The National Trust of Australia"等机构也开展树木登记业务。澳大利亚 NRBT 测量要点：①树干周长(trunk circumference)，定义为1.4m处的周长；②树高，两人测定；③平均冠幅，两个方向平均；④计算总积点，与美国的计算方法一致；⑤定义了"树王"和"准树王"，"树王"即总积点最大的单株，比"树王"总积点小5%以内的树木定义为"准树王"。

澳大利亚首都堪培拉于2005年出台了《树木保护法》，并于2016年经过最新一次的修订，该法主要保护城区具有特殊品质的树木个体，因其自然和文化遗产价值或对城市景观的贡献；保护城市森林价值免受不必要的损失或面临退化的风险；保护具有区域遗产意义的城市森林；确保建造活动期间树木得到保障；促进树木价值及其保护要求纳入设计与发展规划；促进城市中树木功能的广泛欣赏、树木管理和树木培植。

《树木保护法》中与古树名木相近的概念为"原住民遗产树"，是指对原住民特别重要的树木，体现在以下两方面：①原住民传统；②树木所在地点原住民的历史(包括当代史)。《树木保护法》规定，如果一项活动会或可能会损害受保护树木或属于保护区或宣告区域内禁止的地面作业，可以书面形式向保护管理员提出审批申请，如果该申请与原住民遗产树有关，审批申请也应提供给原住民组织的每名代表，相应的审批申请决定通知书也应当发给原住民组织的每位代表。《树木保护法》规定指定树木管理计划，为树木相关的活动提供依据，并为活动如何进行设置条件。如果树木管理计划中涉及居民遗产树的，树木管理计划的提案和审批文件则需要呈送原住民组织的每一个代表。

四、新西兰和加拿大的大树登记

新西兰的树木登记法人团体为"新西兰名木法人机构"(the New Zealand Notable Trees Trust，NZNTT)，成立于2007年。尽管该机构成立时间偏晚，但新西兰的大树登记实践却有数十年历史。从20世纪40年代开始，新西兰林务局的 H H Allan 和 Bob Burstall 一直负

责名木遗产的记录工作；后来，新西兰皇家园艺研究所负责这项工作，2004年建立了网络数据库，2023年已经完成了1795株树的记录。记录名木的宗旨是查清和认定新西兰的丰富自然遗产——珍稀古树遗产，这样让公众既可分享国家的珍贵树木，又可与国际记录进行比较。登记的树主要包括以下几类：①国际范围内的名木：与国家元首或其他名义领袖有关的树；任何树种中排名前5的本土冠军树；任何外来树种都被确认为世界历史树种中排名前5的树种。②国内知名的历史树木：与早期毛利人和欧洲历史传说/定居点有关的树木；与重要的国家历史人物有关的树木。③当地具有历史意义的树木：与当地重要人物或重要事件有关的树木(如千禧年、百年纪念等)。④国家范围内的名木：新西兰稀有的树木；已知最早种植在新西兰；大直径、高度或冠幅(在前十名中减去国际上的前五名)；原始森林残存的；被认为是国家杰出标本的树木。⑤当地范围内的名木：在树高、胸径、冠幅等三个维度中任何一个维度的最大树木比；稀有或植物学上独特的本地树木；区内最早栽种的树木；突出或具标志性的树木；一般包括任何超过50年树龄的树木。

目前尚未查到加拿大国家大树认定机构，但有区域性登记机构：BC BigTree WEBSITE (BC-BT)。加拿大最早的大树登记始于1993年，记录发表在《Guide to the Record Trees of British Columbia》。其实1986年不列颠哥伦比亚省林业协会(FA)就已经开始登记大树；随后，BC省保护数据中心(BC-CDC)继承了前面的数据，2009年成为新的登记机构。2010年，BC省大树登记基金会成立，确定由不列颠哥伦比亚大学(UBC)林学院来负责该项目。

五、欧洲城市树木保护法律

欧洲城市第一部城市树木保护的法律于1930在日内瓦生效。1948年德国最老的树木保护法诞生于汉堡。1958年法国颁布了土地分配法，其中有所谓的"分类林地"内容。大多数欧洲城市树木保护法律的颁布时间在1974年(维也纳)到1985年(汉诺威，斯图加特)之间。

在34个获得信息的城市中，25个城市(74%)有法律保护公共或私人土地的树木。这些城市是阿姆斯特丹、柏林、伯尔尼、博洛尼亚、布拉迪斯拉发、布鲁塞尔、布达佩斯、多特蒙德、杜塞尔多夫、埃森、佛罗伦萨、法兰克福、日内瓦、汉堡、汉诺威、卡尔斯鲁厄、科隆、里昂、米兰、马赛、慕尼黑、巴黎、布拉格、斯图加特、维也纳。在汉堡只对私人土地的树木进行保护，而在米兰只对公共土地的树木进行保护。在阿姆斯特丹、里昂、马赛和巴黎，公共土地的树木得到保护，私人土地的树木"部分保护"。"部分保护"意味着树木的保护，如果他们成长在一个地区划分为"林地"在土地利用规划。

在大多数情况下，单株树木保护的标准是树木离地面1m高度的直径或周长，有时高于地面1.30m(阿姆斯特丹、柏林、布拉迪斯拉发、汉堡和布拉格)。在布达佩斯和日内瓦，保护对象包括公共和私人土地上所有的树木，无最小周长标准；在布拉迪斯拉发、佛罗伦萨、里昂、米兰、马赛和巴黎，所有公共土地的树木依法保护。布鲁塞尔法律规定，树木保护起点是胸围20cm，树高3.5m(公共和私人土地)。在伯尔尼，公共和私人土地上的保护标准一致，但不同区域的保护标准不一致，在城市中心和阿勒河地区，起点是周长为30cm，而其余的区域起点为80cm。

相关法律法规对禁止行为、豁免行为和采伐许可等进行了明确的规定。最常见的禁止行为是切割、移除、伐倒、损害、毁灭、修饰和修剪保护树木，以及加速树木衰变。在有关树木保护法律中，规定了部分禁令豁免清单。许多城市的法律规定，森林被免除对树木的保护规则，法律通常不适用于果树，如核桃和板栗。在57%的城市禁令中，苗圃树木豁免；26%的城市保护不包括公园的树，17%的城市保护不包括行道树，两个城市不包括针叶树(多特蒙德和埃森)。在25个可采伐树木的城市中，采伐保护树木必须受到官方授权或有采伐许可证。其中52%的城市，采伐许可的情况必须公告或公示。发放采伐许可证的情况，包括树木对人或物构成威胁；采伐许可属于公共利益；树木生病等。

彩图1 陕西黄帝陵黄帝手植柏
（陕西省绿化委员会办公室提供）

彩图2 老子手植银杏
（陕西省绿化委员会办公室提供）

彩图3 广东新会"小鸟天堂"（广东省绿化委员办公室提供）

彩图4　湖北利川市中国一号水杉母树（湖北省绿化委员会办公室提供）

彩图5　安徽黄山迎客松（安徽省绿化委员会办公室提供）

彩图6　北京怀柔古板栗树（首都绿化委员会办公室提供）

彩图7　浙江诸暨香榧古树群（浙江省绿化委员会办公室提供）

彩图8　"挂甲柏""轩辕柏""老子手植银杏"扩繁苗（常二梅提供）

彩图 9　贵州盘州市妥乐村古银杏（段恒提供）

彩图 10　北京密云古柏公园（黄凯提供）

彩图11　古树名木挂牌（高祥斌提供）

彩图12　古树围栏（王枫提供）

彩图 13 古树支撑（王枫提供）

彩图14　山东曲阜孔林（冯彩云提供）

彩图15　四川剑阁柏古树群（王枫提供）